国家出版基金项目
NATIONAL PUBLICATION FOUNDATION

"十三五"国家重点图书出版规划项目

水利水电工程信息化 BIM 丛书 | 丛书主编　张宗亮

HydroBIM-厂房数字化设计

张宗亮　主编

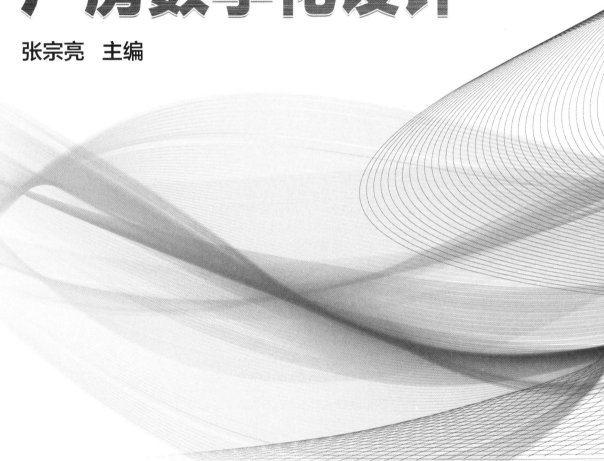

中国水利水电出版社
www.waterpub.com.cn
·北京·

内 容 提 要

本书是水利水电工程信息化 BIM 丛书之一。它既是中国电建集团昆明勘测设计研究院有限公司十多年来 BIM 技术研究与应用成果的系统总结，也是作者长期从事三维设计研发的探索和实践。全书共三篇，包括基础概念篇、数字化设计应用篇、数字化产品篇。书中提出了新颖的数据驱动的数字化设计理念，具有较好的指导和借鉴价值。

本书可为水利水电工程 BIM 数字化设计提供借鉴，也可作为高等院校相关专业师生的参考用书。

图书在版编目（ＣＩＰ）数据

HydroBIM-厂房数字化设计 / 张宗亮主编. -- 北京：中国水利水电出版社，2021.2
（水利水电工程信息化BIM丛书）
ISBN 978-7-5170-8503-4

Ⅰ. ①H… Ⅱ. ①张… Ⅲ. ①厂房－计算机辅助设计－应用软件 Ⅳ. ①TU27

中国版本图书馆CIP数据核字(2021)第044312号

书　　　名	水利水电工程信息化 BIM 丛书 **HydroBIM－厂房数字化设计** HydroBIM - CHANGFANG SHUZIHUA SHEJI
作　　　者	张宗亮　主编
出 版 发 行	中国水利水电出版社 （北京市海淀区玉渊潭南路 1 号 D 座　100038） 网址：www. waterpub. com. cn E - mail：sales@waterpub. com. cn 电话：（010）68367658（营销中心）
经　　　售	北京科水图书销售中心（零售） 电话：（010）88383994、63202643、68545874 全国各地新华书店和相关出版物销售网点
排　　　版	中国水利水电出版社微机排版中心
印　　　刷	北京印匠彩色印刷有限公司
规　　　格	184mm×260mm　16 开本　13.75 印张　262 千字
版　　　次	2021 年 2 月第 1 版　2021 年 2 月第 1 次印刷
印　　　数	0001—1000 册
定　　　价	**85.00 元**

《HydroBIM－厂房数字化设计》
编 委 会

主　　编　张宗亮

副 主 编　王　娜　曹以南

参编人员　杨宇虎　刘　松　刘志鹏　王　旭　何奇霖

　　　　　　张　冲　李慧音　严　磊　曹　阳　王　政

　　　　　　王　明　罗　欣　华　骅　杨媛乔　马伟栋

　　　　　　陈为雄　宋　喆　李自强　代洪波　李　斌

　　　　　　王小锋　吴学明　吴小东　张　帅

编写单位　中国电建集团昆明勘测设计研究院有限公司

信息技术与工程深度融合
是水利水电工程建设发展
的重要方向！

中国工程院院士

马洪琪

2016年6月

序 一

　　近年来，我国水利水电工程建设水平有了巨大的提高，乌东德、糯扎渡、小湾、溪洛渡、锦屏一级、南水北调等大型工程在规模上已处于世界领先水平。但与此同时，不断变更的设计过程、粗放型的施工管理与运维方式依然存在，严重制约了行业技术的进一步提升。在水利水电行业推行信息化建设、信息技术与工程深度融合已成为今后水利水电工程建设发展的重要方向。当前，BIM 技术成为工程建设领域的第二次信息化革命性技术，对水利水电工程建设行业产生了重大、深远的影响。BIM 以三维数字信息模型直观表述，可实现水利水电工程勘测、设计、施工和运行管理全生命期信息的存储、传递共享和工作协同；BIM 技术的应用，为水利水电工程建设带来更优的质量、更高的效率、更节省的投资、更精细的管理、更准确的决策和更有力的监管。水利部部长在 2019 年全国水利工作会议上特别提出要积极推进 BIM 技术在水利工程全生命期运用。水利部 2019 年和 2020 年水利网信工作要点都对推进 BIM 技术应用提出了具体要求。

　　中国电建集团昆明勘测设计研究院有限公司（以下简称"电建昆明院"）作为国内最早一批进行三维设计和 BIM 技术研究及应用的水利水电行业企业，通过多年的研究探索及工程实践，已形成了具有自主知识产权的集成创新技术体系——HydroBIM，完成了 HydroBIM 综合平台建设和系列技术标准制定，在全国工程设计大师张宗亮教授级高级工程师的领导下，电建昆明院 HydroBIM 团队十多年来在 BIM 技术方面取得了大量丰富扎实的创新成果及工程实践经验，并将其应用于多项水电工程建设项目中，大幅度提高了工程建设效率，保证了工程安全、质量和效益，推动了工程建设技术迈上新台阶。电建昆明院 HydroBIM 团队于2012 年、2016 年两获欧特克全球基础设施卓越奖，将水利水电行业数字化信息化技术应用推进到国际领先水平。

　　"水利水电工程信息化 BIM 丛书"是电建昆明院十多年来三维设计

及 BIM 技术研究与应用成果的系统总结，是一线工程师对水电工程设计施工一体化、数字化、信息化进行的探索和思考，是 HydroBIM 在水利水电工程中应用的精华。丛书架构合理，内容丰富，涵盖了水利水电 BIM 理论、技术体系、技术标准、系统平台及典型工程实例，是水利水电行业第一套 BIM 技术研究与应用丛书，被列为"十三五"国家重点图书出版规划项目。我很高兴推荐"水利水电工程信息化 BIM 丛书"申报国家出版基金项目并获得了成功，相信该丛书的出版将对水利水电行业推广 BIM 技术起到重要的引领指导和参考借鉴作用。

是为序。

中国科学院院士

2020 年 7 月 20 日

序　二

　　信息技术与工程建设深度融合是水利水电工程建设发展的重要方向。当前，工程建设领域最流行的信息技术就是 BIM 技术，作为继 CAD 技术之后工程建设领域的革命性技术，在世界范围内广泛使用。BIM 技术已在其首先应用的建筑行业产生了重大、深远的影响，国家住房和城乡建设部及全国三十多个省（自治区、直辖市）均发布了关于推进 BIM 技术应用的政策性文件，这对同属于工程建设领域的水利水电行业，有着极其重要的借鉴和参考意义。2019 年全国水利工作会议特别提出要"积极推进 BIM 技术在水利工程全生命期运用"。水利部 2019 年和 2020 年水利网信工作要点都对推进 BIM 技术应用提出了具体要求。南水北调、滇中引水、引汉济渭、引江济淮、珠三角水资源配置等国家重点水利工程项目均列支专项经费，开展 BIM 技术应用及 BIM 管理平台建设。各大流域水电开发公司已逐渐认识到 BIM 技术对于水电工程建设的重要作用，近期规划设计、施工建设的大中型水电站均应用了 BIM 技术。水利水电行业 BIM 技术应用的政策环境和市场环境正在逐渐形成。

　　作为国内最早开展 BIM 技术研究及应用的水利水电企业之一，中国电建集团昆明勘测设计研究院有限公司在全国工程设计大师张宗亮的领导下，打造了具有自主知识产权的 HydroBIM 理论和技术体系，研发了 HydroBIM 设计施工运行一体化综合平台，实现了信息技术与工程建设的深度融合，并成功应用于百余项项目，获得国内外 BIM 奖励数十项。"水利水电工程信息化 BIM 丛书"即为 HydroBIM 技术的集大成之作，对 HydroBIM 理论基础、技术方法、标准体系、综合平台及实践应用进行了全面的阐述。该丛书可为行业推广应用 BIM 技术提供理论指导、技术借鉴和实践经验。该丛书已被列为"十三五"国家重点图书出版规划项目。

　　BIM 人才被认为是制约国内工程建设领域 BIM 发展的三大瓶颈之一。据测算，2019 年仅建筑行业的 BIM 人才缺口就高达 60 万人。为了破解这一问题，教育部、住房和城乡建设部、人力资源和社会保障部及多个地方政府陆续出台了促进 BIM 人才培养的相关政策。水利水电行业 BIM 应用起步较晚，BIM 人才缺口问题更为严重，迫切需要企业、高校联合培养高质量 BIM 人才，迫切需要专门的著作和教材。"水利水电工程信息化 BIM 丛书"有详细的工程应用实践案例，是电建昆明院十多年水利水电工程 BIM 技术应用的探索总结，是高校、企业培养水利水电工程 BIM 人才的重要参考用书，将为水利水电行业 BIM 人才培养发挥重要作用。

　　是为序。

中国工程院院士

2020 年 7 月 22 日

序 三

　　BIM 技术是在 CAD 等技术基础上融合现代信息技术和计算机技术发展起来的多维模型信息集成管理技术，是继 CAD 技术后的又一次信息化革命，这已经成为工程建设领域的共识。基于 BIM 技术可实现工程全生命周期信息协同共享和信息化管理，增强工程信息的透明度和可追溯性，提升工程决策、规划、勘测、设计、施工和运行管理水平，保障工程质量和投资效益，促进工程建设行业持续健康发展。住房和城乡建设部、交通运输部等部委，以及全国 30 多个省（自治区、直辖市）均发布了关于推进 BIM 技术应用的政策性文件。

　　BIM 技术已在其首先诞生的建筑行业产生了重大、深远的影响，对同属于工程建设领域的水利水电行业，有着极其重要的借鉴和参考意义。近些年，各大流域水电开发公司已逐渐意识到 BIM 技术对于水电工程的价值，近期规划设计、施工建设中大型水电站均能看到 BIM 技术的身影。而在水利行业，更是将 BIM 技术应用上升到行业政策层面。2019 年全国水利工作会议指出了将"积极推进 BIM 技术在水利工程全生命期运用"作为年度重点工作安排。水利部《2019 年水利网信工作要点》要求："加快 BIM 研究和应用工作。制定水利行业 BIM 应用指导意见和水利工程 BIM 标准，推进 BIM 在水利工程全生命周期应用。"南水北调、引江济淮、滇中引水等国家重点水利工程项目均列支专项经费，开展 BIM 技术应用及 BIM 管理平台建设。水利水电行业 BIM 技术应用的政策环境和市场环境正在逐渐形成。

　　作为国内最早一批开展 BIM 技术研究及应用的水利水电企业，中国电建集团昆明勘测设计研究院有限公司自 2005 年就开始接触并引进 BIM 技术，在总工程师张宗亮设计大师的领导下，经过多年研发，打造了具有自主知识产权的集成创新技术 HydroBIM，并完成 HydroBIM 标准体系建设和一体化综合平台研发，经数十个项目实践，提高了工程建设效率，保证了工程安全、质量和效益。

"水利水电工程信息化 BIM 丛书"的编写团队是电建昆明院 BIM 应用的倡导者和实践者。该丛书对 HydroBIM 进行了全面而详细的阐述，是水利水电行业第一套 BIM 技术应用丛书，代表了行业 BIM 技术研究及应用的最高水平。该丛书已被列为"十三五"国家重点图书出版规划项目和 2021 年度国家出版基金项目。我相信，本书可为水利水电行业推广应用 BIM 技术提供理论指导、技术借鉴和实践经验。

　　是为序。

清华大学教授

2020 年 7 月 20 日

丛书前言

中国的水利建设事业有着辉煌且源远流长的历史，四川的都江堰枢纽工程、陕西的郑国渠灌溉工程、广西的灵渠运河、京杭大运河等均始建于公元前，公元年间相继建有黄河大堤等各种水利工程。新中国成立后，水利事业开始进入了历史新篇章，三门峡、葛洲坝、小浪底、三峡等大型水利枢纽相继建成，为国家的防洪、灌溉、发电、航运等作出了巨大贡献。

诚然，国内的水利水电工程建设水平有了巨大的提高，糯扎渡、小湾、溪洛渡、锦屏一级等大型工程在规模上已处于世界领先水平，但是不断变更的设计过程、粗放型的施工管理与运维方式依然存在，严重制约了行业技术的进一步提升。解决这个问题需要国家、行业、企业各方面一起努力，其中一项重要工作就是要充分利用信息技术，在水利水电建设全行业实施信息化，利用信息化技术整合产业链资源，实现全产业链的协同工作，促进水利水电行业的更进一步发展。当前，工程领域最热议的信息技术，就是建筑信息模型（BIM），这是全世界普遍认同的技术，已经在建筑行业产生了重大、深远的影响。该技术对同属于工程建设领域的水利水电行业，有着极其重要的借鉴和参考意义。

中国电建集团昆明勘测设计研究院有限公司（以下简称“电建昆明院”）于1957年正式成立，至今已有60多年的发展历史，是世界500强中国电力建设集团有限公司的成员企业。电建昆明院自2005年开始三维设计及BIM技术应用探索，在秉承“解放思想、坚定不移、不惜代价、全面推进”的指导方针和“面向工程，全员参与”的设计理念下，开展BIM正向设计及信息技术与工程建设深度融合研究及实践，在此基础上凝练提出了HydroBIM，作为水利水电工程规划设计、工程建设、运行管理一体化、信息化的最佳解决方案。HydroBIM 即水利水电工程建筑信息模型（Hydroelectrical and Hydraulic Engineering Building Information Modeling），是学习借鉴建筑业 BIM 和制造业 PLM 理念和技术，引入"工业 4.0"和"互联网＋"概念和技术，发展起来的一种多维（3D、4 D－进度/寿命、5D－投资、6D－质量、7D－安全、8D－环境、9D－成本/效益……）信息模型大数据、全流程、智能化管理技术，是以信息驱动为核心的现代工程建设管理的发展方向，是实现工程建设精细化管理的重要手段。2015 年，电建昆明院 HydroBIM® 商标正式获得由国家工商行政管理总局商标局颁发的商标注册证书。HydroBIM 与公司主业关系最贴切，具有高技术特征，易于全球流行和识别。

经过十多年的研发与工程应用，电建昆明院已经建立了完整的 HydroBIM 理论基础和技术体系，编制了 HydroBIM 技术标准体系及系列技术规程，研发形成了"综合平台＋子平台＋专业系统"的 HydroBIM 集群平台，实现了规划设计、工程建设、运行管理三大阶段的工程全生命周期 BIM 应用，并成功应用于能源、水利、水务、城建、市政、交通、环保、移民等多个业务领域，极大地支撑了传统业务和多元化业务的技术创新与市场开拓，成为企业转型升级的利器。HydroBIM 应用成果多次获得国际、国内顶级 BIM 应用大赛的重要奖项，电建昆明院被全球最大 BIM 软件商 Autodesk Inc. 誉为基础设施行业 BIM 技术研发与应用的标杆企业。

电建昆明院 HydroBIM 团队完成了"水利水电工程信息化 BIM 丛书"的策划和编写。该丛书是第一套出自实战的工程师之手，以数字化、信息化技术给出了水利水电项目规划设计、工程建设、运行管理完整解决方案的著作，对大土木工程也有很好的借鉴价值。在十多年的 BIM 研究及实践中，工程师们秉承"正向设计"理念，坚持信息技术与工程建设深度融合之路，在信息化基础之上整合增值服务，为客户提供多维度数据服务、创造更大价值，他们自身也得到了极大的提升，丛书就是他们十多年运用 BIM 等先进信息技术正向设计的精华大成，是十多年来三维设计及 BIM 技术研究与应用创新的系统总结，既可为水利水电行业管理人员和技术人员提供借鉴，也可作为高等院校相关专业师生的参考用书。

丛书包括《HydroBIM－数字化设计应用指南》《HydroBIM－3S 技术集

成应用》《HydroBIM-三维地质系统研发及应用》《HydroBIM-BIM/CAE集成设计技术》《HydroBIM-乏信息综合勘察设计》《HydroBIM-厂房数字化设计》《HydroBIM-升船机数字化设计》《HydroBIM-闸门数字化设计》《HydroBIM-EPC总承包项目管理》等。2018年，丛书被列入"十三五"国家重点图书出版规划项目。2021年，丛书被确定为2021年度国家出版基金资助项目。丛书有着开放的专业体系，随着信息化技术的不断发展和BIM应用的不断深化，丛书将根据BIM技术在水利水电工程领域的应用发展持续扩充。

丛书的出版得到了中国水电工程顾问集团公司科技项目"高土石坝工程全生命周期管理系统开发研究"（GW-KJ-2012-29-01）及中国电力建设集团有限公司科技项目"水利水电项目机电工程EPC管理智能平台"（DJ-ZDXM-2014-23）和"水电工程规划设计、工程建设、运行管理一体化平台研究"（DJ-ZDXM-2015-25）的资助。感谢国家出版基金规划管理办公室对本丛书出版的资助。感谢马洪琪院士为丛书题词，感谢陈祖煜院士、钟登华院士、马智亮教授为本丛书作序。感谢丛书编写团队所有成员的辛勤劳动，感谢欧特克软件（中国）有限公司大中华区技术总监李和良先生和中国区工程建设行业技术总监罗海涛先生等专家对丛书编写的支持和帮助，感谢中国水利水电出版社为丛书出版所做的大量卓有成效的工作。

信息技术与工程深度融合是水利水电工程建设发展的重要方向。BIM技术作为工程建设信息化的核心，是一项不断发展的新技术，限于理解深度和工程实践，丛书中难免有疏漏之处，敬请各位读者批评指正。

丛书编委会

2021年2月

　　2008 年，中国电建集团昆明勘测设计研究院有限公司（以下简称"电建昆明院"）全面启动三维设计工作，提出了"面向工程，全员参与"的三维发展理念，坚持正向三维设计，立足水电设计实现全三维施工出图，并将技术经验向多行业拓展应用。

　　本书作者均是来自一线的工程师，分别从事测绘、地质、监测检测、水工、结构、建筑、机电等专业工作。他们既是专业工程师，也是 BIM 工程师，十年来完成了水电站设计、市政工程设计、民用建筑设计、BIM 咨询、软件二次开发等工作。在电建昆明院，工程师们用自己编写的规范指导实际工作，用自己开发的软件从事专业设计管理，再通过实践经验不断完善和规范软件，使三维设计成为解决实际工程问题的强大工具，并成为常态化的日常工作。

　　相对于传统的二维设计而言，三维设计不仅仅是画图手段的改进，而且颠覆了设计的生产组织模式和管理方式，同时对设计质量控制和过程管控都有着深远的影响。通过数据在各个设计专业和流程中的高效传递，让设计师回归设计的本职，从烦琐的体力劳动中解放出来，将更多的精力放在方案设计上，享受创造性设计的快乐！

　　设计院本质上是数据服务商，为此，必须科学管控工程数据源，为数据输出提供有效手段。工程设计紧紧围绕数据管理开展，整个工程设计将按照专业设计流程依次开展数字化设计：上序设计成果是下序工作的初始条件，在此基础上直接开展下序设计工作，无须反复建模和重复工作；工程数据一次定义、多次引用，保证数据的一致性和联动性；设计数据以数据库为单位开展设计交付；强调全生命周期数据流管理，数据流在设计、施工、运维各阶段传递应用完善。

HydroBIM-厂房数字化设计的三大设计理念为：①由原理图驱动设备布置概念设计；②以数据管理为基础的各专业并行与全厂整体设计；③设计施工一体化的全阶段设计。

本书的重点不是专业设计，而是 BIM 数字化设计应用，内容不求完整，但求有特色。全书共分三篇：基础概念篇、数字化设计应用篇、数字化产品篇。

（1）基础概念篇。介绍在设计侧围绕数据开展数据管理和多专业协同设计，数据驱动的数字化设计理念是 HydroBIM-厂房数字化设计的核心。

（2）数字化设计应用篇。介绍各专业如何开展数字化设计，将数字化设计分解到各专业，通过各专业内容的分解延伸细化到每个最小设计单元，各专业的数字化设计是 HydroBIM-厂房数字化设计的根基。

（3）数字化产品篇。数字化设计最终以数字化产品（设计图纸和设计数字化交付物）的形式完成向业主端的传递，其中三维校审是数字化产品的质量保证；数字化交付实现 HydroBIM 数字化共享和应用，是 HydroBIM-厂房数字化设计的延伸。

HydroBIM-厂房数字化设计是基于 HydroBIM 土木机电一体化智能系统实现的。HydroBIM 土木机电一体化智能系统由电建昆明院主持开发，HydroBIM 土木机电一体化设计系统实现数字化设计，HydroBIM 三维综合设计平台实现数字化校审和交付。

本书的编写得到了中国电力建设集团有限公司科技项目"水利水电项目机电工程 EPC 管理智能平台"的支持，在此表示衷心的感谢。

本书献给 BIM 工程师、工程项目业主、施工单位，希望能让大家透彻地了解真正实用的 BIM 数字化设计。未来，专业设计工程师必须掌握 BIM 技术，不掌握 BIM 的工程师，不是好工程师！

由于作者水平有限，书中难免有疏漏之处，敬请读者批评指正。如有反馈意见，请联系 khidi@hydrobim.com。

作者
2018 年 6 月

数 字 化 设 计 应 用 篇

数 字 化 产 品 篇

基 础 概 念 篇

　　数据是推动工程建设的指挥棒，数据传达是否及时准确直接影响到工程的进度、质量和投资。因此，作为工程数据的源头——设计方有责任为工程各方提供优良的数据服务。设计是整个项目建设的数据源，作为源头的设计方只有率先实现信息化设计，才能为行业的信息化提供强劲的数字化引擎。

　　BIM 由几何模型和数据信息两部分组成，没有数据信息的 BIM 是伪 BIM，是没有灵魂的躯壳。数据信息是模型的"灵魂"，将丰富的数据信息植入光鲜的三维"肉体"下，就能让 BIM 这个巨人真正鲜活起来，充满活力。

第 1 章

HydroBIM - 厂房数字化设计系统

HydroBIM 土木机电一体化智能系统是 HydroBIM - 厂房数字化设计系统的软件平台环境，是厂房实现数字化设计和数据管理的核心技术。

该系统的开发定位为：紧紧围绕统一的数据库，各设计软件和项目管理均与其进行数据交互，从而做到数据唯一，实现对设计数据的规范管理；建立一套完整的数字化设计、三维校审、数字化移交体系，实现设计、校审、移交无缝对接；基于数据库实现多方数据共享和高效传递交互。

1.1 系统开发背景

现有的设计软件多为成品化软件，软件间无法将数据信息关联起来，各软件成为一个个数据孤岛，需要大量的人为干预核对，因此常出现由于数据不一致产生的设计错误。由于数据的孤立性，也无法统一对数据进行科学管理，形成有效的数据源统一输出，工程项目业主也就无法从设计源头轻松获得规范的设计成果数据。

水利水电工程建筑信息模型（HydroBIM）是电建昆明院三维设计的核心产品，对其应用价值的深入挖掘和全生命周期各阶段应用扩展一直是电建昆明院长期研究和努力的方向。

设计作为整个工程建设的数据源，只有实现设计数据规范管理的数字化，才能打好数据基础，提供有效输出。因此，打造一个强大的数字化设计系统，将设计数据科学管理起来非常有必要。

HydroBIM 土木机电一体化智能系统建立了一个统一的数据库，项目设计管理均要与其交互数据，从而实现"一处修改、处处联动"，设计、校审、移交以数据为单位进行传递。

1.2 系统结构组成

数据驱动的数字化设计管理平台——HydroBIM 土木机电一体化智能系

统，是一款平台级的设计软件。该系统以建设统一数据库为核心，整合多款设计软件，通过数据驱动，连通整个设计流程，实现数据一次录入多次引用；通过数据共享，实现一张图修改，多图联动；全面提高企业的设计技术水平、知识管理水平、技术管理水平，优化作业流程、组织架构和人力资源，提升为工程建设单位服务的能力，扩大对工程建设单位项目管理服务范围的支持，平台框架图见图1.1。

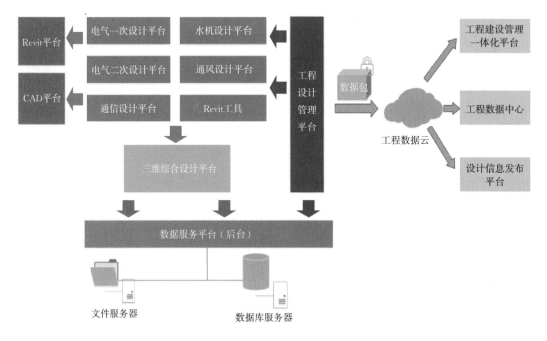

图 1.1　平台框架图

HydroBIM 土木机电一体化智能系统覆盖了土木机电设计所涉及的全部专业，满足各专业业务需求，实现了各个专业的原理图设计、布置设计及专业计算整合；实现了各专业内多软件之间的交互、对接，提高了设计产品的质量，增大了设计产品的信息容量。

该系统主要由四个软件平台组成：①数据管理平台；②设计平台；③三维校审平台；④数字化移交平台。其中，数据管理平台和设计平台是一个登录界面——HydroBIM 土木机电一体化设计系统，见图1.2；三维校审平台和数字化移交平台是另一个登录界面——HydroBIM 三维综合设计平台，见图1.3。

在数据管理平台，通过设计数据子平台、工程设计子平台、工程综合子平台、个人中心实现标准库数据、工程数据、人力资源数据等设计数据的科学管控和交叉应用。

在设计平台，创新实现了二维、三维联动布置和流畅的数据传递，在国际上率先实现三维电缆叠加分期敷设，并提供数字化电缆查询辅助电缆敷设

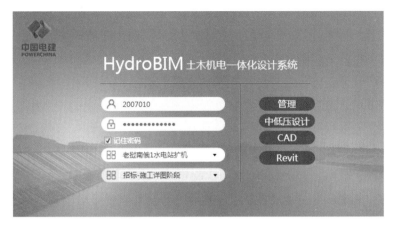

图 1.2　HydroBIM 土木机电一体化设计系统

图 1.3　HydroBIM 三维综合设计平台

施工。

在三维校审平台，从设计平台以数据库为单位一键发布电子校审数据到三维校审平台，基于虚拟仿真技术完成三维电子校审，校审意见可以在校审环境和设计环境下查阅，并且在设计环境下可快速定位直接修改。

在数字化移交平台实现了从设计平台一键交付发布设计数据，实现 BIM 交付。此外，通过专有客户端打开一键交付的设计数据，还可以查阅 BIM 集成设计信息。

1.3　权限体系

HydroBIM－厂房数字化的设计、校审、交付平台使用同一套权限体系。该权限体系可以实现专业管理、数据管理、工程管理，是保障系统能够高质量运行的关键。

项目设计管理关键是对人的管控，因为项目执行是通过人来完成的，所以对人员权限的细化管控就显得尤为重要。人员权限是通过角色定义来分配的，同一人员允许被定义为多个角色。

1.3.1 角色体系

角色权限分为行政管理类、工程管理类、软件管理类三类。

（1）行政管理类：正/副院长，正/副总工程师，正/副主任，秘书，员工。

（2）工程管理类：正/副设总，专业负责人，一般人员。

（3）软件管理类：超级管理员，系统管理员，专业管理员。

三类权限可以交叉叠加使用，权限会进行合并。行政管理类权限具有工程综合平台的权限，可以对人力资源和工程综合数据进行统计管控；工程管理类权限全权负责工程内部管理；软件管理类权限负责平台和各专业的数据管理。

1.3.2 权限管理

HydroBIM 土木机电一体化设计系统和 HydroBIM 三维综合设计平台使用同一套权限体系。

HydroBIM 三维综合设计平台继承工程管理类权限体系，遵循设总在工程内的全权负责制，同时遵循创建方案者对方案有完全权限的原则。

1.3.2.1 角色配置

在管理平台，权限管理通过角色配置来完成，对人员通过角色授权完成权限管理。角色的配置可以由管理员统一在后台进行管理，角色权限设置界面见图 1.4。

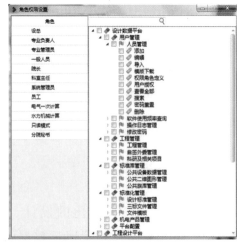

图 1.4 角色权限设置界面

1.3.2.2　平台工作流程

HydroBIM 土木机电一体化设计工作流程和对应角色完成人见图 1.5。

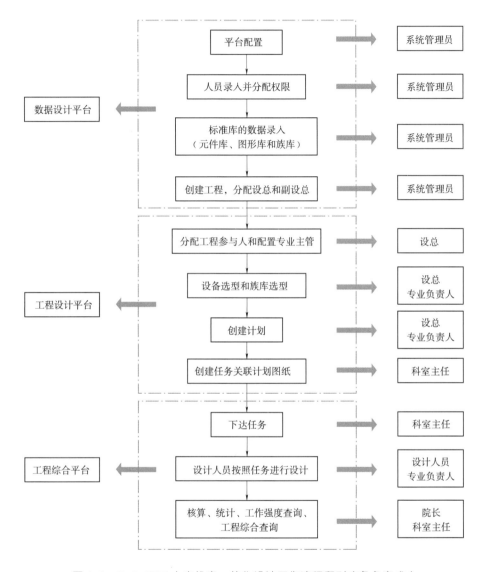

图 1.5　**HydroBIM 土木机电一体化设计工作流程和对应角色完成人**

1.3.2.3　角色职能

平台整体权限管理遵循高级别角色可以授权低级别角色的规则，该权限管理规则有利于平台分级管理。平台管理由系统管理员和专业管理员完成日常数据管理工作，每个专业配置专业管理员对本专业数据进行维护，实行"谁的数据谁维护"的原则，有利于数据的更新维护；行政管理的数据基础是日常工程设计管理数据，该数据通过平台进行统计分析，主任角色是联系设计和管理流程的纽带；工程管理的数据遵循项目责任制，专业数据由本专业负责人全权负责，谁创建数据谁有完全权限。除此之外，设总对该工程具有完全权限。平台权限角色的主要职能描述见表1.1。

表 1.1 平台权限角色的主要职能描述

权限划分	角色设置	职能描述	涉及模块
平台管理	系统管理	平台级系统管理员： 1. 审核专业管理员操作； 2. 给专业管理员授权； 3. 给项目设总授权； 4. 维护工程综合平台	数据设计平台 工程设计平台 工程综合平台
	专业管理	专业系统管理员： 1. 对各专业基础数据维护； 2. 负责各个科室内人员管理； 3. 维护本专业的二维图形库； 4. 维护本专业的三维族库； 5. 维护本专业的厂家样本； 6. 维护本专业的公共数据库	数据设计平台（各专业）
	员工	1. 查询及核对个人资料； 2. 查询设计数据； 3. 查询工程相关数据	数据设计平台（各专业） 工程设计平台 个人中心
行政管理	院长（副）	1. 查询及核对个人资料； 2. 查询设计数据； 3. 查询工程信息； 4. 查询工程完成情况； 5. 查询科室工作完成情况； 6. 查询个别设计人员完成工作情况	数据设计平台 工程设计平台 工程综合平台
	总工程师（副）	1. 查询及核对个人资料； 2. 查询设计数据； 3. 查询工程信息； 4. 查询工程完成情况； 5. 查询科室工作完成情况； 6. 查询个别设计人员完成工作情况	数据设计平台 工程设计平台 工程综合平台

权限划分	角色设置	职能描述	涉及模块
行政管理	主任（副）	1. 查询及核对个人资料； 2. 查询设计数据； 3. 查询科室内人员情况； 4. 查询科室工作完成情况（按具体单项工作或者按人查询）； 5. 查询和科室相关的工程信息； 6. 按科室考核工作量和查询绩效情况； 7. 按时间要求，查询优秀产品和三维产品情况； 8. 查询个别设计人员完成工作情况	数据设计平台（各专业） 工程设计平台 工程综合平台（各专业）
	员工	1. 使用设计数据； 2. 按角色完成各单项任务	数据设计平台 工程设计平台
工程管理	设总	1. 给副设总授权； 2. 对项目数据具有编辑、删除、新建等全部管理权限； 3. 项目提升阶段； 4. 项目电子移交	数据设计平台 工程设计平台（各工程）
	副设总	1. 给各专业负责人授权； 2. 项目提升阶段； 3. 项目电子移交	数据设计平台 工程设计平台（各工程）
	专业负责人	1. 给各自科室内的主设人和项目参与人授权； 2. 及时调整项目计划； 3. 完成即时的图档计划，发起主任（副）下达计任务书邀请； 4. 负责项目中本专业数据的编辑、删除、新建等全部管理权限	数据设计平台 工程设计平台（各工程）
	一般人员	1. 具有平台内各子平台的数据查看权限； 2. 对项目中本人编辑的数据有编辑、删除、新建等管理权限； 3. 可查看本人个人中心内容	数据设计平台 工程设计平台（各工程）

1.4 数据管理平台

设计方的数据维护紧紧围绕统一的数据库开展，通过数据管理平台实现数据科学管控，各平台模块的数据交互均要通过统一的数据库进行。

HydroBIM-厂房数字化设计的数据管理是通过数据管理平台实现的，人员通过角色定义权限实现对不同模块数据的科学管控。这些数据是项目设计和管理的基础数据，数据间彼此关联，一处修改，处处联动。通过数据管理平台实现了公共数据管理、工程数据管理、人力资源数据管理、工程综合数据分析、个人中心数据管理。

1.4.1 公共数据管理

公共数据管理主要包括用户管理、工程管理、标准库管理（公共设备数据、公共二维图形、公共族库）、标准化管理、样本管理、平台配置、系统帮助。

（1）用户管理。对厂房设计各专业人员进行管理，通过角色定义分配权限，通过权限配置实现权限灵活管理。此外，管理员可以通过用户管理查询各专业人员的软件使用频率、操作日志管理以及密码修改。用户管理界面见图1.6。

图 1.6　用户管理界面

（2）工程管理。对工程数据进行大表单管理，按照工程类别填写相应的表单模板，作为基础数据资料。工程管理界面见图 1.7。

图 1.7　工程管理界面

（3）标准库管理。在标准库对设备数据、图形数据、族数据进行管理，目的在于规范企业设计数据源头，保证数据质量。在标准库可以对公共设备数据、公共二维图形以及公共族库进行管理。标准库管理界面见图 1.8，公共设备数据管理界面见图 1.9。

（4）标准化管理。标准化管理包括设计标准、三标文件和文件模板，目的在于：通过电子版标准的精细管理，提高查询效率；通过打造标准模板，规范设计产品。标准化管理界面见图 1.10，设计标准管理界面见图 1.11。

（5）样本管理。样本管理实现合法厂家的电子样本规范管理，通过厂家标准库的建立规范设备厂家数据库。厂家样本管理界面见图 1.12。

（6）平台配置。平台配置提供了系统配置和制图样式配置。系统配置对设计平台标准数据模板进行统一管理；制图样式配置提供在设计环境以外的定义方式，为设计制图标准化提供有力保障。系统配置界面见图 1.13，制图样式配置界面见图 1.14。

（7）系统帮助。系统提供了软件使用帮助。

图 1.8 标准库管理界面

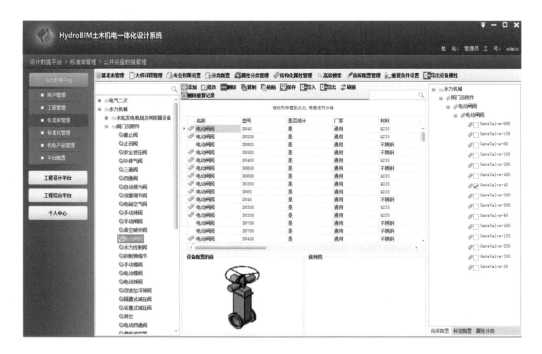

图 1.9 公共设备数据管理界面

图 1.10　标准化管理界面

图 1.11　设计标准管理界面

图 1.12　厂家样本管理界面

图 1.13　系统配置界面

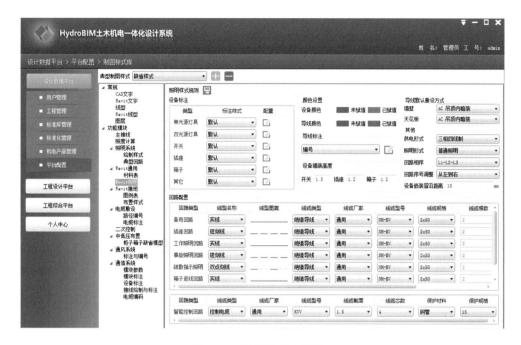

图 1.14 制图样式配置界面

1.4.2 工程数据管理

工程数据管理主要包括图档管理、工程参数、工程设备管理、移交管理、计划管理、厂家资料管理、工程相关文件等。

工程数据管理中强调数据关联关系随手建立，因此在工程设计平台各模块提供了方便的关联关系建立工具，便于设计人员随时将工程数据建立关联关系。关联关系一旦建立即双向关联，便于设计、校核、审查人员查询使用数据；在对外交付时，建立的关联关系将被保留，便于工程项目业主使用高质量的关联数据。

（1）图档管理。根据工程不同阶段，在工程创建伊始就调用系统配置模板形成标准图档结构，图档和计划管理关联，计划管理中创建的计划在图档的相应结构下自动生成空结点图档。图档管理支持对图档历史版本、历史记录、操作记录、图档升版、下载图纸、打开文件夹、设置关联文件、查看关联文件、签入、签出、撤销签出、替换、删除的管理操作。图档管理界面见图 1.15。

（2）工程参数。工程参数提供了工程管理、编码信息配置、制图样式。工程管理负责工程大表单管理、人员管理、工程阶段状态管理；编码信息配置是工程编码基础字段的定义区域；制图样式默认设计数据平台制图样式的配置，并可以在工程内部修改，修改后只对当前工程有效。工程管理界面见图 1.16。

图 1.15　图档管理界面

图 1.16　工程管理界面

（3）工程设备管理。工程设备管理提供了工程库（工程基础设备库、工程基础族库、工程系统设备库、工程布置设备库）管理、设备清单管理、材料清单管理、厂用电提资等。

设备清单管理和材料清单管理都是基于工程专业库和已经发布的图纸材料表开展数据统计管理的工作，做到一次录入、多次引用和应用。厂用电提资也是基于工程专业库提取负荷数据，配合手动补充，形成标准的负荷提资单。该提资单可以自动与厂用电设计平台对接，在厂用电平台下直接调用提资单即可开展负荷分配，无须手工处理重复录入，真正做到数据流畅传递并在各专业间高效流转。工程设备管理界面见图 1.17。

图 1.17　工程设备管理界面

（4）移交管理。工程文档可以在管理平台实现移交。设总在移交界面通过勾选可以快速确认需要移交的工程文档。移交的文档包含图档管理文件、工程关联文件、厂家资料文件。文件移交界面见图 1.18。

（5）计划管理。计划管理是给专业负责人提供工程策划的工具。在创建计划时要填写完整的计划信息，计划可以应用模板批量创建。在工程执行阶段，根据工程进度更新计划信息。计划管理与图档管理结构严格对应，创建计划记录时，在相应的图档结构下会创建该计划对应的图档空节点。dwg、doc、xls、ppt 类型文档可直接双击进入相应环境开展设计工作；pdf 类型文档可以使用文件替换方式更新文档；三维图纸可以在 Revit 环境下使用平台的图纸归档功能。计划管理配合任务管理可以开展人力资源考核。计划管理界面见图 1.19。

图 1.18　文件移交界面

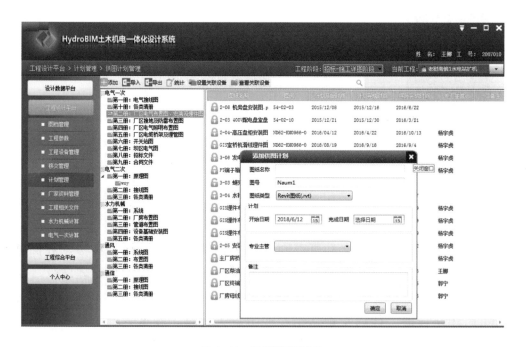

图 1.19　计划管理界面

（6）厂家资料管理。在该模块下可以开展厂家资料的归档管理工作。

（7）工程相关文件管理。在该模块下可以开展工程相关文件的归档管理工作。工程相关文件包含变更通知单、工程照片、会议纪要、往来函件、合同文件等。

（8）计算。在计算模块提供了水力机械计算和电气一次计算。使用人员通过可视化的界面输入初始条件，生成标准计算书，校审人员的注意力也可只放在初始数据是否正确上。该模块实现了设计标准化输出，进一步提高了设计效率。计算书示例见图 1.20。

渗漏排水系统计算书

中国电建集团昆明勘测设计研究院有限公司

2017 年 12 月

渗漏排水系统计算书

渗漏排水系统

1 渗漏排水方式

厂房渗漏排水系统主要排除厂房建筑物渗漏水及机电设备漏水等不能自流排出的厂内渗漏水。渗漏排水采用间接排水方式，所有漏水通过排水沟引至主厂房内渗漏集水井，再通过水泵排至下游。

1.1 厂内渗漏水量及集水井有效容积

厂内渗漏水量与电站的地质条件、枢纽布置、施工质量及设备制造水平等因素有关。水工专业提供的主厂房建筑物渗漏水量 $q = 1200 \, \mathrm{m^3/d}$。参考类似电站资料并考虑机电设备渗漏量，总渗漏水量按 $V = 50 \, \mathrm{m^3/h}$ 考虑，根据厂房布置情况，初步确定渗漏集水井有效容积 $V_{JX} = 275 \, \mathrm{m^3}$。集水井尺寸见系统图和厂房布置图。

2 渗漏排水设备选择

2.1 水泵流量计算

$$Q_{\text{量}} = \frac{V_{JX}}{T} + q_{2k} = 275/0.47 + 50 = 635.106 \, (\mathrm{m^3/h})$$

每一台泵的生产率为 $Q = \frac{Q_{\text{量}}}{n} = 317.553 \, (\mathrm{m^3/h})$

式中：

$Q_{\text{量}}$——水泵生产率，为 635.106（$\mathrm{m^3/h}$）；

V_{JX}——集水井有效容积，为 275（$\mathrm{m^3}$）；

T——排水时间，（一般取 20～30min），取 28.2min= 0.47（h）；

Q_{2k}——厂内渗漏水量，为 50（$\mathrm{m^3/h}$）；

n——工作水泵数量，通常取 1、2、3；$n=2$

2

图 1.20　计算书示例

1.4.3　人力资源数据管理

在数据管理平台，设计流程标准化，专业协同固化在软件流程中，将人力资源管理、绩效考核和平台工作流程有机结合，实现了科学的项目管理和设计标准化。

项目的计划、组织、资源调配、控制和协调，以及项目人员工作的协调、整合、考核、奖励等，都是对人的管理，项目最终的执行都要依靠人，因此平台管理的重点是对人的管理。在软件层面将设计流程和管理流程结合，才能实现科学的项目管理。平台将工作分解为任务，通过对任务的管理量化考核工作量，实现绩效考核。

（1）任务管理流程。由工程专业负责人发起图档计划，并定期更新计划。

在计划管理里发起任务流程,将计划推送给主管主任;主管主任在待处理任务里创建任务书,并下达任务;任务接收人接收任务并开展设计校审流程;任务完成,主管主任确认图档合格后进行任务书确认,任务书状态变更为完成,工日有效计入。任务管理流程见图 1.21。

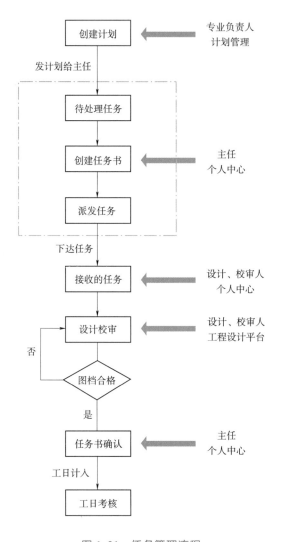

图 1.21 任务管理流程

（2）任务预警机制。计划管理和任务管理联合开展任务预警,具备过程提醒、预警、警告、上报主管等主要功能。预警天数也可以在平台里灵活配置。

（3）任务管理。从计划发起的任务管理,通过任务书的建立将计划、图档和任务关联起来。任务书中规定了设计校审流程信息、工日、图档信息。任务书管理界面见图 1.22。

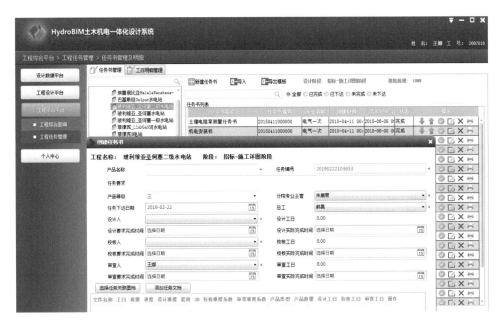

图 1.22　任务书管理界面

1.4.4　工程综合平台

工程综合平台通过任务管理，可以对项目开展综合管控，对参与人的工作量和工作强度进行精细化统计，形成个人、专业科室等的绩效考核数据。工程综合平台包含工程综合查询和工程任务管理两个模块。工程综合查询界面见图1.23，工程任务管理界面见图1.24。

图 1.23　工程综合查询界面

图 1.24　工程任务管理界面

基于任务书管理数据，按时间段统计专业科室人员的工作完成情况，按工程统计工程工作完成情况；可自动统计三维图纸明细和优秀产品明细，便于三维考核和优秀产品申报。成果综合统计界面见图 1.25。

图 1.25　成果综合统计界面

基于任务书管理数据，量化工作量，开展人员工作强度分析；分析结果以柱状图形式展现，可为主管主任的人员管理和工作安排提供有力的数据支持，便于工作任务准确下达。工作强度查询界面见图 1.26。

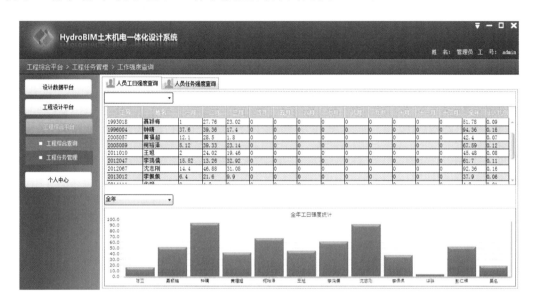

图 1.26　工作强度查询界面

1.4.5　个人中心数据管理

个人中心数据管理对个人数据进行管理，包含我的任务、我的图档、个人信息。个人中心界面见图 1.27。

图 1.27　个人中心界面

1.5 编码体系

HydroBIM-厂房数字化设计系统之所以能够实现数据的共享和高效传递，是因为在设计平台有一套半自动的编码体系，通过该编码体系可以实现全厂数据的唯一标识。该唯一标识可以作为数据字段传递到设计以外的校审和数字化交付平台，助力校审和数字化交付应用管理。

厂房编码体系是全厂房间、土建、设备的唯一标识，其中厂房/区域、机组段和高程字段由设总/副设总在项目基础信息数据中载入规则，原理图设计（CAD环境）和三维布置设计（Revit环境）均可实现编码。

1.5.1 总编码字段定义

编码由主码和附加码组成。主码确定设备的唯一性，附加码确定设备的物理位置。

编码操作为半自动操作，设计人员只需花费少量的时间和精力就可以完成。主码通过批量框选和从数据库查询的方式实现编码定义；附加码实现空间定义，只要设备落入空间区域，则自动判别并加载到设备编码字段。

主码由6个编码段组成，附加码由2个编码段组成，总编码字段定义见表1.2。

表 1.2　　　　　　　　　　　　总编码字段定义

项目	主码						附加码	
	厂房/区域	机组段	系统	管路/回路/母线段	设备代号	序列号	房间号	高程
编码长度	2	2	2	3	3	2	4	1
编码形式	NN	NN	AA	ANN	AAA	NN	NNNN	A

注　N表示数字，A表示字母，N、A个数为编码的位数。

完整的编码由8个编码段组成，用下划线连接，不同专业的每一个编码段所表示的意义可能存在差异，且部分专业的某些编码段可能为空，字母为空的编码段用"N"代替，数字为空的编码段用"0"代替。

不允许使用字母"I"或"O"进行编码。

1.5.2 主码

各专业根据企业规定执行对各编码段的编制和定义。

厂房/区域码、机组段码在管理平台定义，全工程使用一套规则；系统码由各专业在设备数据库的系统分类中定义，使用时自动从数据库查询调用；管路/回路/母线段码根据各专业标准定义规则，实现批量框选定义；设备代号码以设备库中设备类型定义的代号为准，使用时自动从数据库查询调用；序列号码由平台自动给出。

在原理图设计阶段，可通过简单框选的方式实现部分字段定义，其他字段可以实现基于数据库的自动查询和序列号自动排列；对于不出现在原理图上的构件，可以在三维布置环境下实现半自动编码，编码操作与原理图类似。

1.5.3　附加码

房间号码为 4 位数字，用户在三维环境下定义；高程码在项目数据库中提取，在项目数据库中对高程代号及高度进行定义，代号使用 1 位字母。每个项目使用一套附加码，由设总团队定义。附加码只需要在三维环境下定义一次，后续各专业设计时只要设备落入该位置区域，则自动被添加该区域位置码。对于同时属于多个房间号的构件，平台会弹出提示框，通过自定义确认，确保构件仅有一个房间号对应。

1.6　创新点

HydroBIM－厂房数字化设计系统整合三维设计软件、原理图设计软件、协同软件，以数据驱动为核心，连通整个设计流程，简化设计步骤，实现设计流程的自动化；上序的设计成果将作为下序的设计依据，通过平台传递，减少人为操作错误、提高设计效率和质量。通过软件平台级整合，利用数据共享，可实现一张图修改，多张相关图纸联动，极大地提高设计效率。

通过该系统的建立可以使每一位员工在每天工作时只要登录平台就可以得到工作所需的全部技术支持；可以在管理平台找到电子化的设计规范；可以对项目数据进行科学的管理；通过平台定义可以标准化设计模板；设计人员可以直接登录设计环境开展设计工作；所有的专业设计都有数字化的插件支持；管理人员通过计划图档管理机制和绩效考核机制结合，可以将设计和管理流程完美结合；标注和统计的工作交由计算机完成。

该系统的开发实现了以下四大创新：

（1）BIM 理念创新。由系统原理图驱动设备布置设计；各专业以数据模型为基础并行协同设计；设计施工一体化的全阶段设计。

（2）核心技术创新。全方位的数据管理；全流程数据驱动的数字化设计；专业间数据无缝传递，数据一次录入多次引用，一处修改多图联动。

（3）作业管理创新。设计管理一体化；实现设计校审数据联动；综合平台与管理制度并重。

（4）商业模式创新。从设计服务商到工程综合服务商，实现传统工程公司商业模式的转型升级。

第 2 章

数 据 管 理

HydroBIM-厂房数字化设计必须以数据为中心：厂房设计必须基于项目原始数据和厂区枢纽布置完成顶层设计；以顶层设计驱动后续设计，以数据为主线贯穿全部设计过程及现场施工过程，实现设计施工一体化。

2.1 数据架构

HydroBIM数字化设计基于数据管理来实现，而数据管理基于数据库实现，数据库由公共基础库和工程库组成，这两个数据库是数据管理的核心。

2.1.1 公共基础库

公共基础库为设计平台底层数据库，对平台提供基础数据支持。公共基础库为各专业的数据池，各专业将标准数据存储在公共基础库中，规范管理专业数据，方便各工程使用。

公共基础库包含公共设备库、公共图形库、公共族库。

（1）公共设备库。公共设备库是平台的基础库，它定义设备的设计参数，存储平台中所有要用到的设备参数信息。公共设备数据管理界面见图2.1。

（2）公共图形库。定义原理图中各设备的图元符号（图2.2）、典型回路方案（图2.3）。公共图形库与具体项目无关，是平台的基础库，用于原理图设计。

（3）公共族库。定义三维设计平台下设备的外形与尺寸。公共族库与具体项目无关，是平台的基础库，存储平台中所有要用到的三维图元。公共族库管理界面见图2.4。

2.1.2 工程库

工程库以工程为单位进行数据库管理，用来存储设计过程中需要用的或者产生的所有项目数据。工程库包括工程基础库（工程基础设备库、工程基础族库）、工程专业库（工程系统设备库、工程布置设备库）、工程管理库和工程属性。工程库管理见图2.5。

图 2.1　公共设备数据管理界面

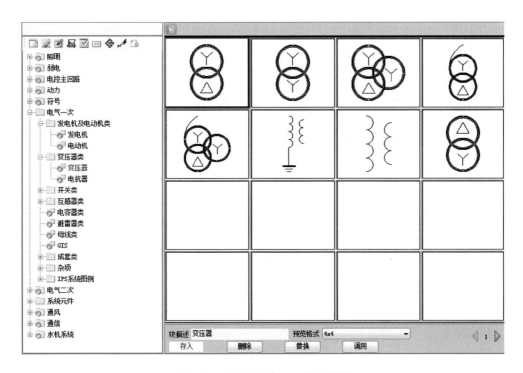

图 2.2　公共图形库——图元符号

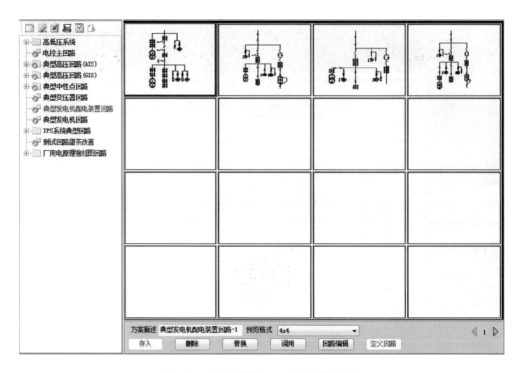

图 2.3　公共图形库——典型回路方案

图 2.4　公共族库管理界面

工程基础设备库　　工程基础族库　　工程系统设备库　　工程布置设备库　　……

图 2.5　工程库管理

2.1.2.1　工程基础库

工程基础库是工程基础设备库与工程基础族库的统称，它是一个过渡性数据库，可以复用其他工程的基础库。

（1）工程基础设备库。这是一个具体工程所有需要或者可能用到的设备参数的集合，在项目设计前，由专业负责人从公共设备库选取一部分设备到工程基础设备库中，公共设备库是工程基础设备库的数据池。在工程基础设备库中，可以新建设备记录，新创建的设备数据只在本工程内部，不会影响公共基础库。工程基础设备库界面见图 2.6。在后台依据项目阶段定义好属性字段，以满足不同阶段设备信息需求。

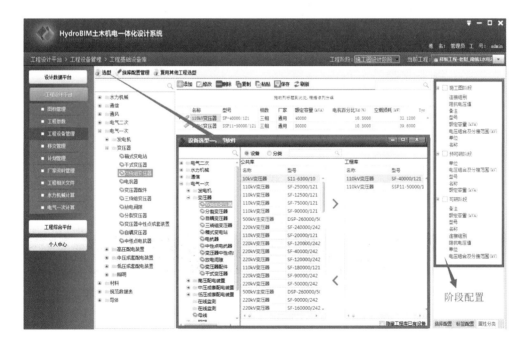

图 2.6　工程基础设备库界面

（2）工程基础族库。这是一个具体工程所有需要或者可能用到的三维图元的集合，在工程三维设计开始前，由专业负责人从公共族库中选取一部分图元到项目基础图元库中，公共族库是工程基础族库的数据池，是工程数据的中间过渡数据。在项目基础族库中，可以扩充新的三维图元尺寸。工程基础族库界面见图 2.7。

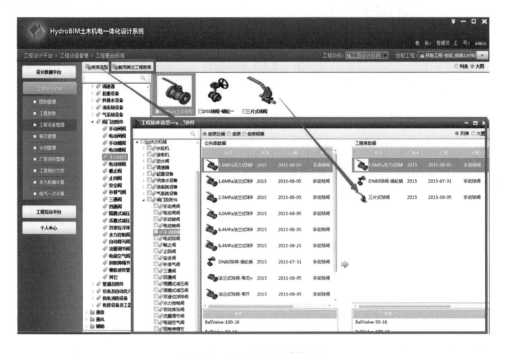

图 2.7　工程基础族库界面

2.1.2.2　工程专业库

工程专业库是专业设计过程中产生的数据，也是最终被工程采纳的数据，包括工程系统设备库和工程布置设备库。

（1）工程系统设备库。原理图设计完成后，把原理图上的设备、元件、回路等内容及其相互的逻辑关系、拓扑关系提取保存到数据库中，形成工程系统设备库（图 2.8）。

图 2.8　工程系统设备库界面

（2）工程布置设备库。三维建模设计完成后，把 BIM 上的设备、元件、回路等内容及其相互的逻辑关系、拓扑关系提取保存到数据库中，形成工程布置设备库（图 2.9）。

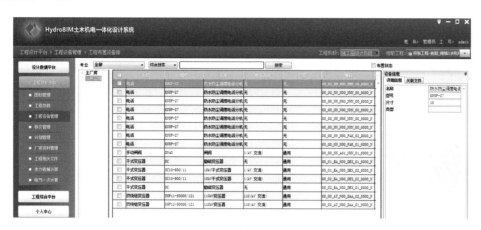

图 2.9　工程布置设备库界面

2.1.2.3　工程管理库

工程管理库用于存储工程的设计数据。设计数据包含设计图档、计划、厂家资料以及工程相关文件等。

2.1.2.4　工程属性

工程属性指工程的基本属性信息、制图样式定义（在设计环境外统一配置制图规则）以及设计配置数据（区域、机组段、编码规则、高程定义、电压等级等）。制图样式定义见图 2.10。

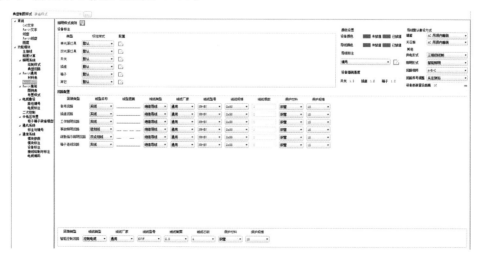

图 2.10　制图样式定义

2.1.3 数据库间关系

（1）数据库划分原则。族仅定义设备的尺寸、外观信息，设备库定义设备的设计参数信息，图形库管理各专业设备标准图元二维符号。数据库之间的关系见图 2.11，数据库流程关系见图 2.12。

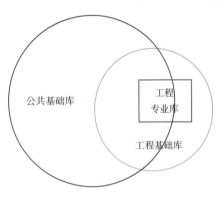

图 2.11 数据库之间的关系

（2）公共图形库。平台下只有一套公共图形库，由专业管理员统一管理。

（3）公共图形库、公共族库、公共设备库之间的关系。公共图形库定义设备在原理图中的符号，公共设备库定义设备的设计参数，公共族库定义设备的外形信息。三者相对独立，通过数据结构管理，默认具有简单的标签节点关联关系，同时可以通过配置自定义关联关系。

（4）公共基础库与工程基础库的关系。工程基础库的数据从公共基础库中选取，两个库相互独立，工程基础库修改或添加的数据不会影响公共基础库。如果在工程基础库中修改或添加的设备具有典型性，可以经过专业管理员审批发布回公共设备库中，作为一条新的设备信息。

图 2.12 数据库流程关系

（5）工程基础库与工程专业库间的关系。工程设计是从工程基础库里选择数据开展设计，最终被工程应用的数据发布到工程专业库中。工程基础库是一个过渡的数据库，便于工程标准化管理；工程对外数据交付都是从工程专业库发布的。

2.2 数据分类

设计的过程是数据不断丰富的过程；数据管理必须贯穿设计全过程，它是 HydroBIM -厂房数字化设计的基础和核心。科学的数据管理是设计质量与工作效率的重要保障。

BIM 数据管理的主要内容包括数据分类、数据版本管理、数据创建、数据定义、数据验证、数据变更、数据输出。

BIM 数据包括项目特性数据、专业接口数据、建筑特征参数、设备特征参数、图元数据、项目文档数据、流程信息、中间数据、BIM 集成交付数据等。

2.3　数据版本管理

工程数据必须按设计阶段进行版本管理。项目设总可进行工程数据升版，升版后低版本项目数据仅能查阅，最高版本的项目数据才可编辑。

2.4　数据创建

工程数据创建流程见图 2.13，图中各部分工作要求如下：

（1）设计平台管理员负责在平台下建立项目，项目设总负责组织项目数据维护。

（2）项目属性数据中关于项目的基础信息由工程设总/副设总录入并维护，涉及各专业的上序专业信息由各自专业项目负责人负责维护，需要在三维设计环境下定义的项目属性数据（例如，区域）由设总团队负责。

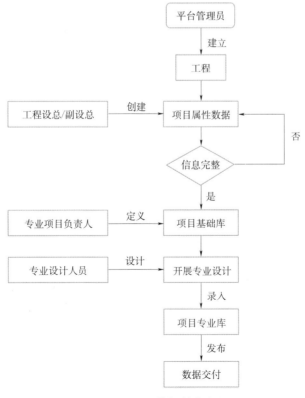

图 2.13　工程数据创建流程

（3）各专业的项目基础设备/三维图元库定义由各专业项目负责人负责从公共设备/三维图元库录入，后续维护由各专业负责人负责。

（4）必须在完成工程基础库定义后，才能开展后续的设计工作。

（5）各专业在项目设计和管理进程中不断产生的新数据，必须同步录入数据库中。

（6）各专业原理图作为最高级别设计数据，图形定义从公共图形库调取，数据定义必须从工程基础设备库调取。对于需要厂家资料确认后才能录入的数据字段，将在工程专业库中提供补录界面，数据交付时数据字段必须完整。完成设计后，需对原理图进行编码后才可将数据发布到工程系统设备库。

（7）概念化三维布置应基于顶层原理图数据开展，确保数据贯通、一致。

（8）在原理图中被定义的数据信息，在三维设计中仅能赋值匹配属性信息，不能重复定义。

（9）对于未在原理图中定义的数据信息，可在三维设计时定义后录入项目专业库。

2.5 数据定义

项目设计三维数据定义流程见图 2.14。

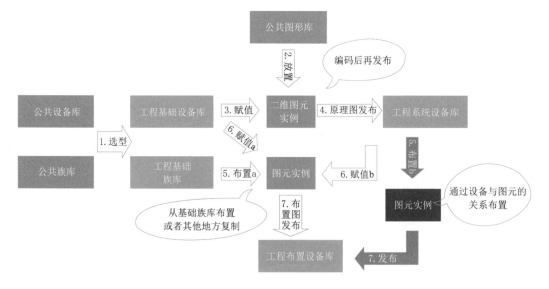

图 2.14 项目设计三维数据定义流程图

（1）选型。选型是专业负责人锁定项目设计过程中使用的三维图元和设备参数的范围，从而在设计时约束与减轻项目工程师对设备和三维图元的筛选工作。该操作可实现项目标准设备设计，避免设备选用的不规范。

项目设计开始时，专业负责人通过选型操作，将设备数据与三维图元数据从公共库复制到工程基础库中。

（2）放置。原理图设计时，从图形库中的图例库选择相应的图例放置到原理图上并接线，对于较典型的回路，可以从图形库中的方案库选择典型回路放置到原理图上，形成完整的原理图接线方案（此时原理图上只有图例符号，没有设备参数）；也可以从标准图集中选择图纸，套用修改。该操作可快速实现图例方案绘制。

（3）赋值。从工程基础设备库中选择设备数据，赋值到原理图的图例符号上。该操作可以以典型回路为单位批量赋值，并复用到相似回路。

（4）原理图发布。原理图经过赋值、编码后，通过发布功能，提取原理图上的设备、元件、回路等内容及其之间的关系并存储到工程系统设备库中。

（5）布置。

1）工程基础设备布置 a 操作：从工程基础族库中，选择图元的具体尺寸，布置到 Revit 三维图上。该操作仅实现几何布置。

2）工程系统设备布置 b 操作：从工程系统设备库选择设备记录，通过设备与三维图元的关联关系找到对应的图元尺寸，布置到 Revit 三维图上。该操作可实现二维、三维联动布置。

（6）赋值。

1）工程基础设备赋值 a 操作：工程基础族库布置的图元实例，只有图元的尺寸等信息，没有设备信息，可以从工程基础设备库选择相应的设备记录，赋值到图元实例上。

2）工程系统设备赋值 b 操作：从工程系统设备库选择设备，赋值到放置的图元实例上。该操作可实现二维、三维关联关系的建立。

（7）布置图发布。提取布置图上已经赋值的设备和回路等内容存储到工程布置设备库中。

2.6　数据验证

数据格式、一致性等必须经过验证。入库数据必须经过校核审查程序，原理图数据必须与布置图数据严格保持一致。

2.6.1　设计数据验证

为了保证原理图的设计质量，校审人员需要对数据进行验证，验证内容如下：

（1）检查上序专业（包括外部）资料的正确性和完整性。

（2）检查相应的前期计算成果是否完备、正确。

（3）检查设计方案和设备参数选型的合理性。

（4）检查相关专业会签是否完整。

2.6.2 交付数据验证

交付数据验证主要检查模型数据、属性数据、文件资料、关联关系四个方面的内容。

（1）模型数据检查应包括下列内容：

1）模型的完整性，包括厂房结构模型、建筑模型、给排水模型、电气设备模型等。

2）模型布置的准确性、合理性，包括各模型尺寸、布置位置的准确性和合理性，以及各专业"错、漏、碰"检查等。

3）对模型数据的完整性、准确性和关联关系进行检查验收。各专业数据属性应满足规定要求，保证多处引用的数据一致，且与三维模型对象的逻辑关联关系正确。

（2）文件及相关资料检查包括下列内容：文件资料应齐全，相关说明、附图、签章等应完整和清晰。

2.7 数据变更

为了保证数据的高质量，项目中的数据变更需要规范管理，通过权限管理对数据变更进行分级管控。

（1）项目属性数据中关于项目的基础信息由设总/副设总录入，维护修改也只能由设总/副设总完成，涉及各专业上序专业信息的修改由各自专业负责人负责。

（2）工程基础库数据的修改仅能由各专业负责人完成。

（3）工程专业库数据的修改本着"谁创建，谁有权限修改"的原则，专业负责人对本专业数据具有完全的权限。

（4）修改过的数据应由专业负责人负责重新校核检查。

（5）当上序专业提资数据变更时，将由上序专业负责人协调通知下序专业人员进行设计修改。

（6）各专业原理图设计产生的专业数据修改必须由设计人、专业负责人、分管主任确认后，才可覆盖上版本数据。

（7）施工现场反馈意见造成数据变更，由设总协调，各专业负责人负责数据修复。

（8）修复后的数据必须重新录入工程专业库，并重新进行相应的数据校审交付流程。

2.8　数据输出

数据输出的内容包括模型数据、属性数据、文档资料、关联关系。数据输出需要由设总/副设总完成数据验证和发布。

（1）模型数据。在三维几何建模过程中，应同步赋予相应的 BIM 数据，模型的输出要满足项目各个阶段的要求，具体模型要求参见建模章节。

（2）属性数据。厂房设计涉及水工、建筑、水力机械、电气一次、电气二次、金属结构、通信、通风共 8 个专业，根据企业标准创建满足项目各阶段数据属性要求的数据。

（3）文档资料。所有的文档资料数据需要按照统一的标准结构提交。文档格式有 doc、dwg、pdf、xls、rvt、jpg 等。

（4）关联关系。三维模型与属性数据、文档资料的关联关系编辑，原则上各专业负责人负责本专业图元关联关系的编辑；对于区域关联关系，各专业负责本专业与区域关联的文档的关系建立。

数据输出以数据库为单位，实现数据包传递，在设计过程中建立的多关联关系将被保留传递。

第 3 章

三维协同设计

三维设计是 HydroBIM 数字化设计的重要组成部分，三维设计使多专业基于统一的协同平台开展并行设计，可以分享其他专业的最新设计成果，并基于此开展本专业的设计工作，最大程度上解决了数据更新问题，为设计质量的保障提供了有力的技术手段。协同的关键是协同专业要全，协同文件要保证实时更新。

3.1 协同设计概述

由上序专业提供初始数据，下序专业依次开展原理图设计，生成的原理图数据自动录入项目数据库，在项目数据库中提取数据进行三维布置设计，最后生成三维模型数据。项目设计过程中所涉及的所有数据均要从项目数据库提取或是录入，项目的交付和移交基于此数据开展。协同设计流程见图 3.1。

3.2 协同设计流程

测绘专业通过现场测量提供三维地形资料，地质专业通过分析勘察成果，采用自主研发的三维建模软件——土木工程三维地质系统（GeoBIM）建立三维地质模型，其他各专业在此基础上开展枢纽布置及建筑物细部设计。大坝和金属结构使用 Inventor 软件；厂房、建筑、机电使用 Revit 软件。厂房和金属结构专业使用 CAE 分析软件对厂房结构和闸门进行分析计算。各专业相对并行开展协同合作，完成大坝 BIM、金属结构 BIM、厂房建筑 BIM、机电 BIM 的建设，在此基础上开展三维出图和施工交互服务。专业协同流程见图 3.2。

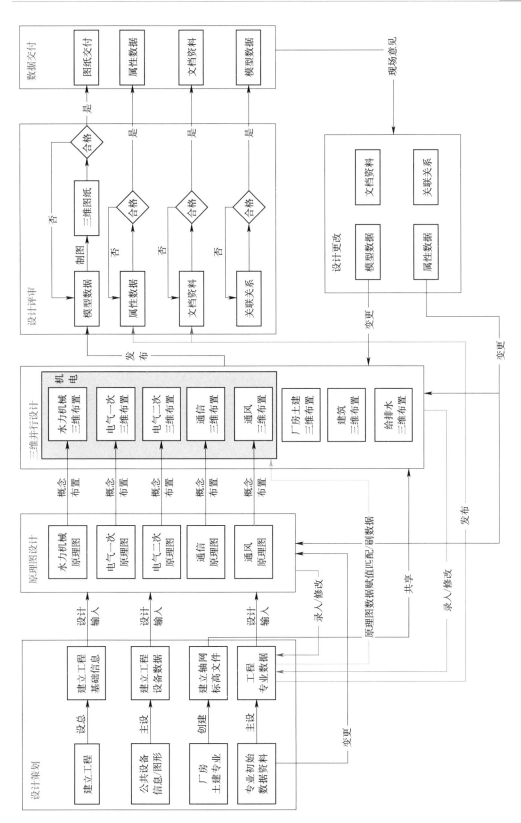

图 3.1　协同设计流程图

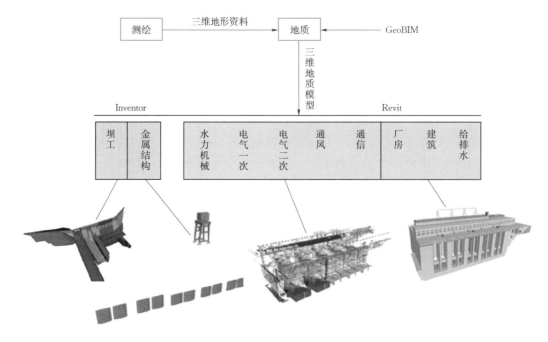

图 3.2　专业协同流程图

3.3　协同规则

3.3.1　协同模式

各专业协同统一采用链接方式的协同模式。如需要多个用户同时编辑一个子文件，则在该子文件内部采用工作集的协同模式，整体协同模式变为外部链接内部工作集的混合式协同模式。

（1）各专业基于统一的轴网系统，根据顶层原理图并行开展概念布置三维设计。

（2）全厂图元布置唯一，不允许同一定义图元在各链接子模型中重复出现。

（3）厂房、建筑、给排水、金属结构数据信息在 Revit 平台下直接定义。

（4）机电设备数据信息必须在设计过程中被定义，原理图中定义的设备信息在进行三维布置时，要由工程库调用匹配图元赋值；对于未在原理图中定义的设备，需要在工程库中定义数据信息。数据信息的定义以"谁布置，谁定义"的原则，最终专业归口到专业负责人。

（5）各专业根据子链接模型划分规则，分别开展设计，子模型设计时必须链接除编辑模型以外的相关厂房设计子模型。

在单个系统建模完成后，专业内部必须开展"错、漏、碰"检查，由专业负责人负责。

3.3.2　建模准备

（1）项目基础数据初始定义：部分初始数据为三维设计的基础，例如机组台数、高程定义、区域定义和编码规则载入。

（2）项目设备数据范围界定：从公共数据库选型，形成初始工程库。

（3）项目轴网标高定义规则：根据各企业规定制定轴网、标高创建规则和命名规则，根据规则定义一套项目轴网。

厂房土建专业定义项目轴网标高文件，该文件存放在协同平台的协同文件根目录下，各专业负责人将子链接模型存放在各专业目录下。

3.3.3　模型划分

为了便于项目协同管理和多专业更好地配合，必须规范链接子模型的划分和命名规则。各专业根据各自专业特点划分本专业子模型，可以根据区域，也可根据系统，其原则是：划分合理，符合专业特点；命名规范；不允许有分类不明确或交叉的分类。

在项目建模过程中，必须严格遵照模型划分开展工作，不允许使用不符合划分规则的模型。这样使得其他专业在链接本项目模型文件时能够链接完整，而且能够方便地分辨出哪些是需要的子模型。

3.3.4　建模深度

建模深度以满足各设计阶段要求为原则。各专业制定项目各阶段建模深度标准，根据该标准开展阶段建模，并基于三维模型开展仿真分析工作。

3.3.5　数据协同

建模协同只是协同几何数据，而数据协同是实现数字化设计的重要保证。建模协同和数据协同一起为数字化设计提供高质量的几何和数据信息源。

设计分为原理设计与布置设计，原理设计定义项目的逻辑接线关系，布置设计定义项目机电设备、建筑物的外观尺寸、物理位置以及连接关系。原理设计在 CAD 平台上进行，布置设计在 Revit 平台上进行。

原理设计与布置设计使用不同的软件，以不同的方式对项目进行描述，为了保证原理设计与布置设计数据的一致性，Revit 三维设备布置设计可以采用两种方式开展二维、三维联动设计：布置赋值同步方式和布置赋值异步方式。

1. 布置赋值同步方式

布置赋值同步方式：取系统设计数据对布置模型进行定义，在 Revit 软件下使用系统设备布置模块，根据原理图索引选择设备，确认设备族信息，在视图放置设备族。该方式实现了设备族和原理图同步关联和属性定义。布置赋值同步方式流程见图 3.3。

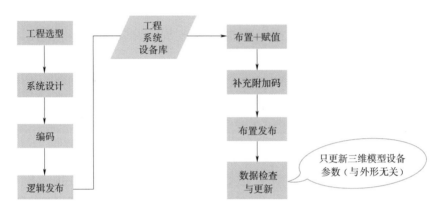

图 3.3　布置赋值同步方式流程图

2. 布置赋值异步方式

布置赋值异步方式：在 Revit 软件下使用基础族库布置模块，调用数据库，将设备族放置到视图中；再使用系统设备赋值模块，根据原理图选择设备，提取设备属性信息，赋值给已布置好的设备族。该方式可以实现三维布置和原理图关联及属性定义异步开展。布置赋值异步方式流程见图 3.4。

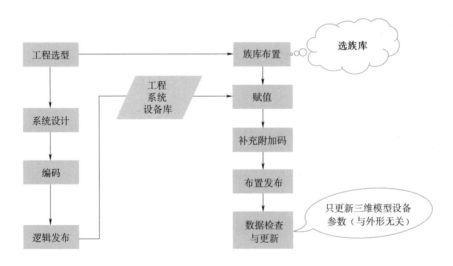

图 3.4　布置赋值异步方式流程图

3. 数据一致检查

布置发布后，工程库中存在两套数据：一套为系统图逻辑数据；另一套为布置图数据。在族赋值完成后，系统图可能会发生变化，为了保证系统图与布置图的一致性，可以依据编码对系统图与布置图进行检查，检查项如下：

（1）系统设备库的设备是否均存在于布置设备库中（比较编码）。

（2）布置设备库中是否存在非系统设备库的设备（比较编码）。

（3）检查族尺寸是否发生变化。

（4）检查相同编码的设备，是否为同一个设备。

检查项的前面三种情况只给出提示，第四种情况提供刷新功能，用户可以选择是否刷新，系统图设计为最高级，在系统图中不提供刷新功能；在布置图中，刷新功能把工程系统设备库的参数刷新到布置图和工程布置设备库中。

二维、三维联动检查可以实现三维布置设备与原理图自动对比一致性校验。三维发布的不仅仅是单一的 Revit 设备属性，还会将设计定义的设备关系、材料表等设计数据发布到数据库中。

3.4　协同管理

多专业在并行开展三维设计时，需要一个统一的协同平台来实现三维协同管理。HydroBIM -土木机电一体化设计系统在 Revit 软件下提供了三维协同模块，该模块能够提供厂房数字化设计的多专业协同环境，并提供模型文件管理功能。

只有相应专业的人员才能对本专业模型文件开展删除、复制、粘贴、下载、重命名、打开、签入、签出编辑、撤销签出、查看操作记录、查看历史版本、提交审核、查看批注信息、查看文件修改信息等工作。协同模块界面见图 3.5。

协同平台提供两个历史版本管理，可以辅助模型文件版本管理。在协同平台可以发布校审方案至电子校审平台，实现基于数据库的底层传递；在平台可以查看电子校审平台的电子校审批注意见，实现校审平台与设计平台的双向数据传递。历史版本管理界面见图 3.6。

协同平台还提供了链接管理功能，可以快速链接本工程的其他模型文件，并可实现状态刷新和模型在线更新功能。在协同菜单下应用刷新功能可以快速刷新本工程各专业模型的更新状态；对于被当前模型文件链接的模型，可以在链接管理下刷新，可以实现不用关闭当前文件就更新被链接的文件，便于多专业间的沟通。链接管理界面见图 3.7。

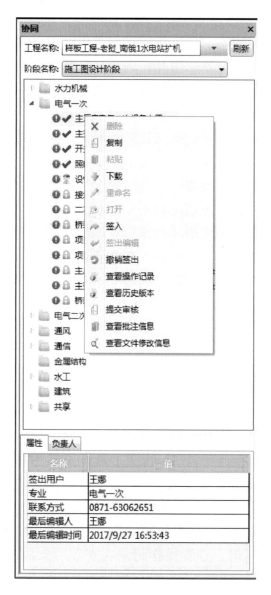

图 3.5　协同模块界面

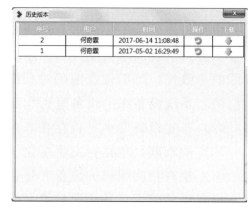

图 3.6　历史版本管理界面

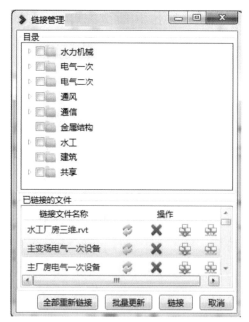

图 3.7　链接管理界面

数字化设计应用篇

在二维 CAD 时代，协同设计缺少一个统一的技术平台，项目协同设计通常通过电话或者纸质文件进行，效率低下且难以避免"错、漏、碰"问题。

相比较传统的二维出图模式，三维并行协同设计更加高效；各专业基于统一模型和数据库开展工作，避免了设计"错、漏、碰"和数据不一致的问题；平台级项目设计管理解决了设计孤岛问题，开启了数据驱动的数字化设计新模式。

HydroBIM 数字化设计实现了各专业的数字化设计，设计成果基于上序专业设计产品开展，无需重复建模和数据输入，在 HydroBIM 土木机电一体化设计系统平台下即可实现数据交互，实现了数据一次定义多次引用。

BIM 是生产管理工具，通过直观的模型变化使得进度管控一目了然；BIM 是高效质量管理工具，通过 BIM 技术应用，使得数字化成果无限接近现实；BIM 是工程师的创新工具，BIM 仿真分析为工程师开启了一个全新的设计体验；BIM 模型承载着丰富的数据信息，使得数据管理更加便捷；BIM 彻底地改变了设计交付方式，数字化虚拟仿真实时交付为工程师提供了更多样的设计表达方式；相对并行的多专业协同方式，是对设计流程最重要的变革；BIM 技术发展迅速，更多的创新和发展将带来更多的可能！

第 4 章

HydroBIM – 厂房土建数字化设计

土建专业全流程三维数字化设计，是基于上序专业提供的基础数据建立三维模型，并开展开挖设计、建模设计、结构设计、三维分析计算、三维钢筋出图工作，彻底解决了以往多设计模块之间的协同壁垒，做到了一次建模多次应用，建模成果满足上下序专业数据需求，为高质量的三维设计提供了有力的技术支撑。

4.1 厂房土建设计

水工厂房、水力机械、电气一次、电气二次、金属结构、通风空调、消防、通信、建筑、测绘、地质等专业开展多专业协同设计，各专业在一个集中统一的环境中工作，从三维建模→结构 CAE 分析→多专业协同设计→三维出图等均采用三维设计，并针对大型水电站厂房建立参数化模型库，随时获取所需的项目信息，了解其他设计人员正在进行的工作，了解其他专业设计的最新变化，减少了设计中存在的"错、漏、碰"问题，既提高了效率，又保证了质量，做到全专业实现三维施工详图设计。

设计中常碰到复杂结构计算均需进行分析计算的情况，因此研究如何将现有三维模型导入三维分析软件的问题是很有必要的。经过不断摸索，厂房土建数字化设计实现 Revit 及 Inventor 三维模型与大多分析软件模型共享，实现大型水电站复杂结构分析集成应用，避免了重复劳动，对效率的提升显而易见。

三维开挖设计是土建设计的重要工作，根据不同工况总结出基于 Civil 3D、Inventor、Revit 不同软件的场地开挖，以满足不同设计需求。

在 Revit 平台下，通过结构图元可以实现结构设计工作。在水电站厂房施工详图设计工作中，钢筋施工图设计是厂房设计工作中图纸量最大的一个环节。针对这种复杂的结构图元，开发了一套基于 Revit 平台的大体积复杂混凝土结构三维钢筋图绘制辅助系统，用于解决复杂结构建模、三维钢筋建模和出图问题。该系统具有复杂结构三维建模、三维钢筋建模、三维钢筋自动生成、三维钢筋自动编号、钢筋标注、钢筋施工详图的出图、钢筋表自动生成等功能，将烦琐的工作交给计算机自动完成，可大大提高生产效率。

4.2 厂房设计基础数据

勘察阶段为厂房设计提供了基础设计数据，将每个勘察阶段的原始数据，如野外地质测绘中获得的地层岩性、产状、构造等地层要素数据，钻探过程中获得的地层分层数据，动探及标贯数据，试验室岩性、土样、水样等样品分析数据，以及工程的物探数据，叠加到勘察阶段形成的 HydroBIM 三维数字化模型中，形成该阶段的 BIM 模型，作为一下阶段的开挖设计基础。

4.2.1 厂房测绘

4.2.1.1 测绘数据要求

在进行厂房数字化设计之初，准确的数字化地形是最基础的资料，根据后续设计专业的需求和数据的兼容性要求，数字化地形资料主要有数字栅格地图（DRG）、数字线划图（DLG）、数字正射影像图（DOM）、数字高程模型（DEM）、三维地理信息模型、三维地形曲面。其中，数字栅格地图（DRG）、数字线划图（DLG）、数字正射影像图（DOM）和数字高程模型（DEM）统称为测绘 4D 产品。

各类数据要求见表 4.1。

表 4.1   各 类 数 据 要 求

类　别	数据格式	规格要求
数字栅格地图（DRG）	tif/img/jpg/png/bmp/pdf	扫描分辨率不小于 300dpi
数字线划图（DLG）	dwg/dxf/shp/wl	比例尺：1:500 等高距：0.5m
数字正射影像图（DOM）	tif/img/jpg	分辨率优于 0.5m
数字高程模型（DEM）	dem/tif/grid	格网间距优于 0.5m
三维地理信息模型	dwg/mpt/sqlite	格网间距优于 0.5m
三维地形曲面	dwg/dat	三角网平均间距优于 1m

4.2.1.2 测绘数据获取

数字化地形的获取主要分为两个部分：一是数据收集，收集资料若无法满足要求，将作为后期数据采集的参考资料；二是数据采集。

（1）数据收集。基础数据可通过 HydroBIM 工程知识资源系统、项目业主、互联网、国内外测绘相关机构、数据提供商收集，也可按需购买卫星影像、数字高程模型等数据。数据收集流程见图 4.1。

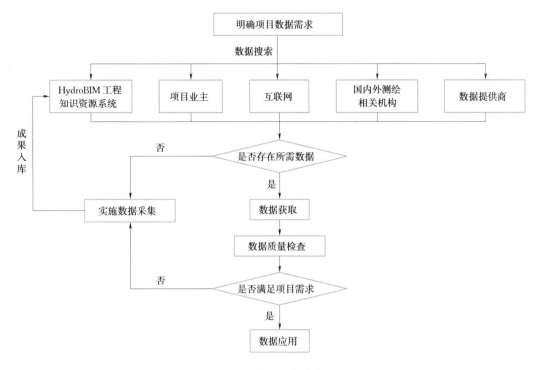

图 4.1　数据收集流程图

（2）数据采集。若无法收集到满足项目要求的数字化地形数据，应根据项目区域情况，开展相关测绘工作，采集所需数据。数据采集流程见图 4.2。

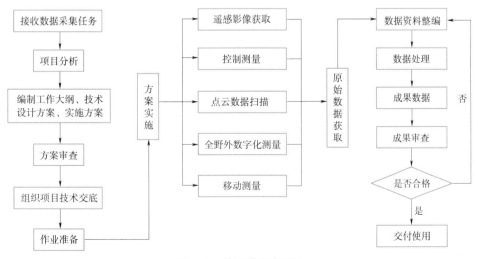

图 4.2　数据采集流程图

1）收集的测绘资料必须进行数据质量检查，各类产品在检查中需要遵循引用标准目录中的相应标准。

2）根据生产任务和已有的资料确定生产技术途径以及产品的生产技术方案、生产流程、质量控制措施、成果的检查验收与提交等内容，并进行项目的技术方案设计、编写技术设计报告。

3）技术设计综合考虑测绘产品类型、成图比例尺、成图精度等方面的要求，并根据所需成图类型和比例尺提出影像分辨率要求，决定影像获取方式、影像数据类型，并提出工作内容、生产流程以及工作重点。

4）数据应采用统一的、符合国家规定的平面坐标和高程系统。当采用地方坐标系时，应与国家统一坐标系建立严密的转换关系。

4.2.1.3 测绘数据处理

数据处理的主要任务是将外业采集数据生产为数字栅格地图（DRG）、数字线划图（DLG）、数字正射影像图（DOM）、数字高程模型（DEM）、三维地理信息模型、三维地形曲面等数字化地形资料。

（1）4D产品。4D产品数据处理流程见图4.3。

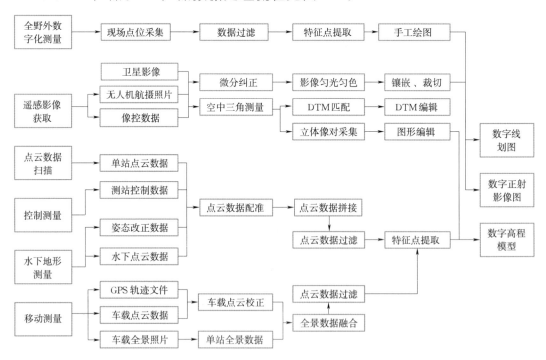

图4.3 4D产品数据处理流程图

1）数字栅格地图（DRG）的生产方式主要是采用地形图扫描数字化和数字线划图矢栅变换。

2）数字线划图（DLG）的生产方式可分为全野外测绘作业与航空摄影，见图 4.4。

3）数字高程模型（DEM）的生产方式主要是采用航空摄影测量、航天遥感测量、地形等高线，见图 4.5。

4）数字正射影像图（DOM）的生产方式主要是采用航空摄影测量、航天遥感测量，见图 4.6。

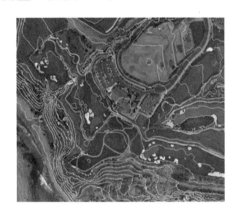

图 4.4　数字线划图

图 4.5　数字高程模型

图 4.6　数字正射影像图

（2）三维地理信息模型。三维地理信息模型是通过真三维可视化的方式反映地形起伏特征，一般通过 DEM 和地表纹理的 DOM 生成，而 DEM 又可通过 DLG 获得，在此过程中需要注意相关数据的平面坐标系和高程系统的统一（图 4.7）。

（3）三维地形曲面。三维地形曲面是与后续设计专业结合最为紧密的数字化地形资料之一，一般由高程点、等高线及数字高程模型生成，其生成过程见图 4.8，三维地形曲面实例见图 4.9。

图 4.7 三维地理信息模型

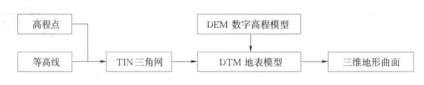

图 4.8 三维曲面生成过程

图 4.9 三维地形曲面实例

4.2.2 厂房物探

4.2.2.1 厂房物探勘察工作流程

物探探测数据也属于土建设计基础数据的一部分。厂房物探勘察工作流程见图 4.10。

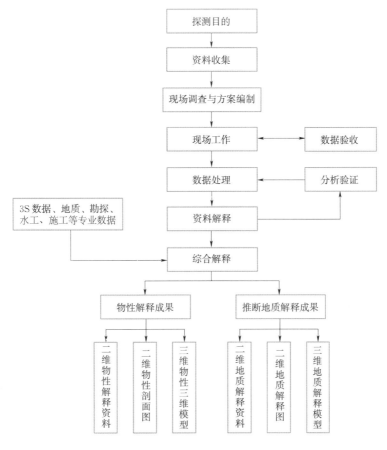

图 4.10　厂房物探勘察工作流程图

针对厂房的勘探目标和工作任务，制订物探探测方案。工作人员在现场测试后的反演解释时，结合已获得的测量、钻孔、平洞、坑探、岩层露头等已知资料，开展综合解释和评估，对物探资料进行汇总、加工、整理，以剖面、表格、三维模型等形式提交给地质专业。

在物探探测工作中，应尽量采用综合物探方法。在物探外业工作和成果资料解释时，应充分参考 3S 数据、地质、勘探、水工、施工等专业的已知资料，以提高物探解释的精度和可靠性。

4.2.2.2　基于物探成果的数字化建模

建立地质三维数字模型之前，物探专业应根据物探探测数据及解释成果，并充分利用测绘专业提供的地形数据、遥感影像、控制点坐标，以及地质专业提供的地质测绘资料、钻孔资料、地质点、地层、岩性、构造、基覆界线等资料，建立物性参数实体模型和推断地质解释三维模型。

（1）基于综合物探成果的三维数字化建模和可视化流程。在得到各种单一物探方法的解释成果后，进行综合解释和推断地质解释，得出相应成果数据，就可以实现物性参数和推断地质解释成果的三维数字化建模与可视化。

在开展物探综合解释时，参与综合解释的这些物探成果可以使用不同物探方法得到的同一物性参数成果，也可以是通过不同物探方法解释成果得到的推断地质解释成果。基于物探成果的三维数字化建模与可视化有两种方式：一种是物性参数成果三维地质数字化建模与可视化；另一种是物探成果推断地质三维地质数字化建模与可视化。

（2）物性参数成果三维地质数字化建模与可视化。用于数字化建模的物性参数成果在整个建模范围内要求是同一物性参数。这些成果可以是使用同一种物探方法获得的成果，也可以是多种同类物探方法的成果经过综合解释得到的成果。例如，波速参数可以通过地震波反射波法、折射波法、面波法、层析成像法等获得。如果是波速成果，同样需要将这些成果转换成同一类型的波速，例如纵波或横波。又如视电阻率可以通过高频大地电磁测深法、高密度电法、电测深法等方法获得。物性参数成果三维地质数字化建模与可视化工作流程见图 4.11。

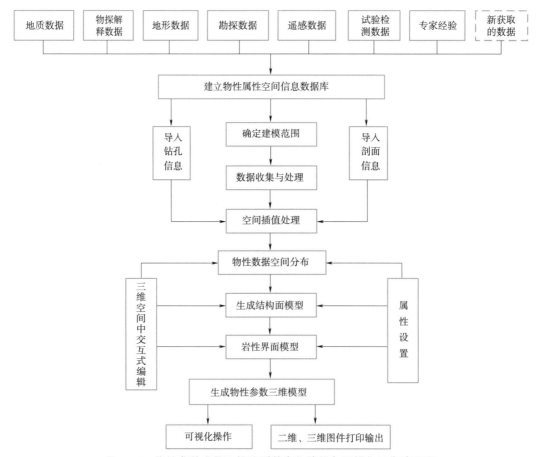

图 4.11　物性参数成果三维地质数字化建模与可视化工作流程图

（3）物探成果推断地质三维数字化建模与可视化。推断地质解释成果是介于物探成果与地质成果之间的中间成果，它利用综合物探解释数据，结合遥感、测绘、地质、勘探等资料，给出合理的推断地质结论。推断地质解释成果可以是覆盖层厚度，断层宽度、走向、埋深，岩层厚度、走向、埋深，岩性分界，透镜体等。因此，以推断地质解释成果为基础的三维地质数字模型是一种介于物探成果三维地质数字模型与工程地质三维数字模型之间的地质数字化模型，它不仅可以作为物探、地质专业人员进行地质分析解释的依据，也可以作为三维地质数字化建模的初始模型或参考模型。推断地质解释成果的三维数字化建模与可视化工作流程见图 4.12。

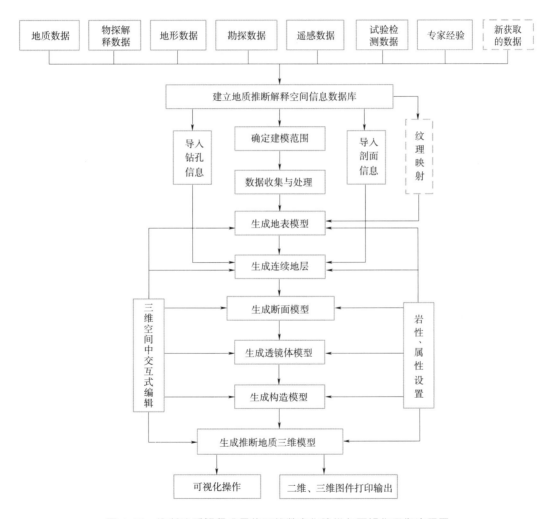

图 4.12　推断地质解释成果的三维数字化建模与可视化工作流程图

（4）基于物探成果的三维模型的应用。物探专业可利用综合物探成果，结合数字地形、地质测绘、勘探等专业的资料建立物性参数三维模型和推断地质三维模型。基于物探成果的三维模型可作为重要的成果提交给业主，也可作为物探成果深化分析与应用的基础。

同时，物探专业建立的物性参数实体模型和推断地质解释三维模型，可提供给地质专业参考，以解决如覆盖层厚度、冲积层、推断构造、破碎带等推断问题；也可将物探专业推测的界面直接导入 GeoBIM 软件中，作为三维地质建模的初始界面，以提高三维地质建模的精度和效率。

4.2.3 地质设计

4.2.3.1 三维地质数字化建模

三维地质数字化模型是进行厂房数字化设计的基础，直接在三维地质模型上进行厂房设计，可以大大提高厂房空间布置及方案比选的效率，一方面是地质资料的快速方便获取；另一方面是开挖工程量的快速计算。三维地质建模主要是针对设计专业关注的地质对象进行建模，包括覆盖层面、地层面、构造面、风化面、卸荷面、水位面、吕荣面等。

（1）三维地质数字化建模软件。现有的地质建模软件较多，从满足设计要求的角度来说，软件的整体架构一般包括数据库、地质建模功能、模型分析功能、模型查询、图件编绘、数据接口等。本节介绍的地质建模内容以 HydroBIM -地质数字化建模软件"土木工程三维地质系统（GeoBIM）"为建模工具，GeoBIM 软件的整体架构见图 4.13。

（2）三维地质数字化建模流程。三维地质数字模型中的各种地质对象都不是孤立无联系的，而是受到其他对象的影响和约束的，地质对象建立的先后顺序及创建过程中的相互参考对于模型的合理性及精度影响很大。三维地质建模流程见图 4.14，具体流程如下：①导入测绘专业提供的地形面，整理各类原始资料得到空间点线数据；②根据各类勘探点数据绘制建模区的三角化控制剖面，并根据各类地质对象的特点绘制特征辅助剖面，对建模数据进行加密，得到各类地质对象的控制线模型；③通过拟合即可得到各类地质对象的初步面模型；④通过剪切、合并等操作形成三维地质面模型；⑤通过围合操作得到三维地质围合面模型，通过实体切割操作得到三维地质体模型。

4.2.3.2 地质对象数字化建模

1. 地质对象建模基础数据

三维地质建模以各种原始资料为基础，用于建模的数据包括以下几类：

（1）地形数据。地形是决定厂房选址的首要因素，也是建立地质模型的基

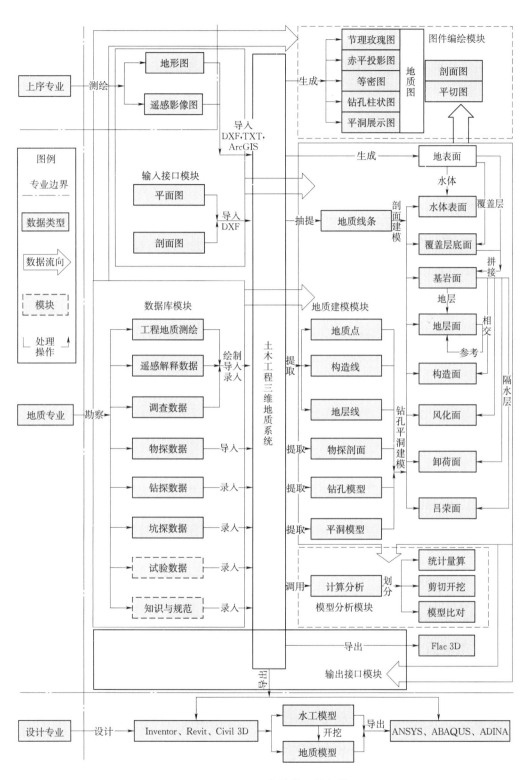

图 4.13 GeoBIM 软件的整体架构图

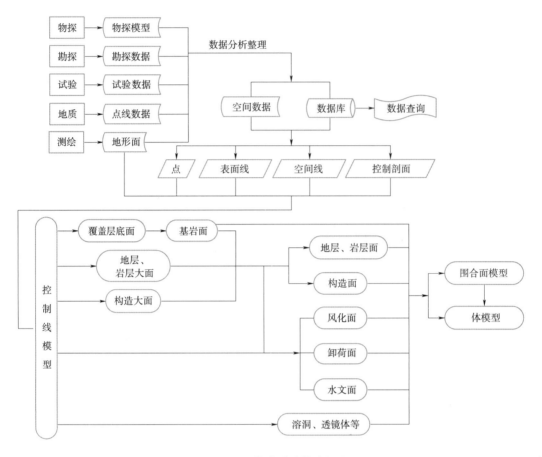

图 4.14　三维地质建模流程图

础，直接使用测绘专业提供的地形面，可以保证各专业使用地形数据的精度及数据的统一性。将测绘专业提供的 dxf 文件格式的地形面直接导入 GeoBIM 软件中，根据建模范围截取部分地形面即可。

（2）物探数据。将物探专业提供的 dxf 文件格式的物理属性界面直接导入 GeoBIM 软件中，结合地质资料进行分析使用。

（3）勘探数据。钻孔、平洞、探坑、探井、探槽等勘探成果。

（4）试验数据。各种室内试验及原位测试的成果。

（5）地质、测绘数据。包括遥感解译成果、工程地质测绘资料等。对不同的数据类型分别进行整理和归纳。将各类地质点数据录入数据库，将各类特征线和面数据直接导入 GeoBIM 软件中作为原始数据，并从完整性、合规性、合理性等方面对数据进行全面的检查和复核。

2. 地质对象数字化建模

（1）覆盖层建模。覆盖层底界面与地形紧密相关，且分布厚度、空间形态变化大。在建模过程中，应考虑覆盖层堆积形成的特点，根据底界面形态和已有数据特点来选择合适的建模方法。滑坡体的建模应关注滑坡的滑动面和滑坡中部堆积体厚度的变化情况；冲积层的建模应考虑河流的特点，采用横截面剖面分段控制建模的方法来进行建模，滑坡堆积体模型见图 4.15，工程区覆盖层地质模型见图 4.16。大部分覆盖层底面为不完整的曲面，是带有空洞或零散分布的面模型，在建模过程中按照完整面的建模思路来进行建模，即在基岩出露部位考虑覆盖层底面在地形面之上，可以大大提高建模效率，同时为后期的模型剪切及模型转换带来极大的方便。

图 4.15　滑坡堆积体模型

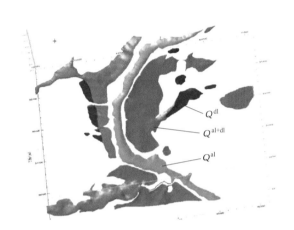

图 4.16　工程区覆盖层地质模型

（2）地层及构造建模。地层及构造建模主要使用产状建模，在分界点上给出反映该处对象变化情况的倾向线或小范围面，综合各个分界点的特征线或特征面来拟合建模，这种方式既可以保证面模型通过现有分界点，又可反映地层和构造的整体变化特点。创建的构造面模型见图 4.17。在地层被断层错断、断层两侧的地层有明显错距的情况下，建模时可通过地层面与断层面的相互剪切及移动操作来确定地层面与断层面的相互空间关系，创建的具有错距的地层界面模型见图 4.18。通过对地层面模型进行围合操作，包括增加顶面、底面和侧面，即可得到地层围合面模型，见图 4.19 和图 4.20。

（3）风化面、卸荷面等地质对象建模。相较于地层及构造的建模，风化面、卸荷面、水位面、吕荣面等地质对象的建模空间形态受地形起伏影响更大，形态特征更加不规则，需要更多的数据来控制面模型的空间形态。将现有的各类离散点，通过剖面的方式来连接各类散点，一方面可以增加数据量；另一方面可以给定拟合的方向，提高拟合成目标面的效率。剖面线建模以现有的勘探点位为控制节点，形成三角化的剖面线网格控制研究区的建模，而对于缺少勘探数据的部位增加适量的辅助剖面来进行数据加密。三角化剖面网格见图

4.21，网格线条及辅助剖面线条见图 4.22。

图 4.17　构造面模型

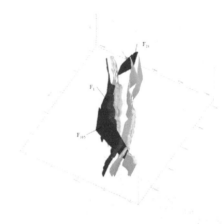

图 4.18　地层界面模型

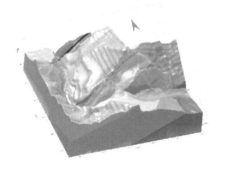

图 4.19　地层围合面模型（一）

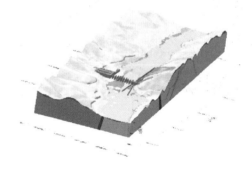

图 4.20　地层围合面模型（二）

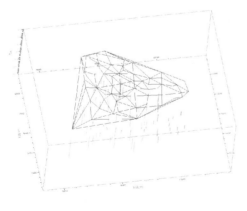

图 4.21　三角化剖面网格

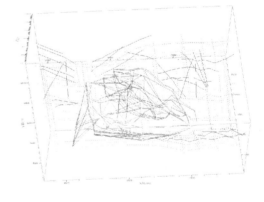

图 4.22　网格线条及辅助剖面线条

　　（4）特殊对象建模。特殊对象主要是指透镜体、溶洞及岩脉等地质对象，这类对象的建模方式不同于其他的地质对象，其空间的形态特征非常不规则，建模时仅根据少量的揭露点，更多是结合工程师的判断进行；尽量绘制对象的特征线条和特征截面，通过放样或直接拟合线条的方式来建模。溶蚀条带分布模型见图 4.23，溶洞模型见图 4.24。

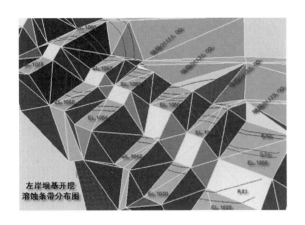

图 4.23　溶蚀条带分布模型

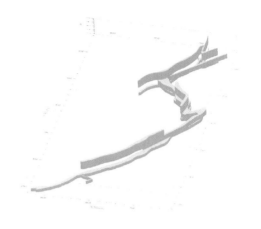

图 4.24　溶洞模型

4.2.3.3　三维地质数字模型应用

1. 三维地质数字模型分析

模型分析主要针对已建的三维地质数字模型进行空间分析，可以进行单截面分析、多截面分析、剖面分析、虚拟钻孔等操作，在空间上多角度反映地质对象的变化情况，为地质对象的空间分析提供基础，见图 4.25～图 4.28。

将水工建筑物模型与地质模型进行叠加后，可以直接展示建筑物的地质条件及建筑物与各种地质对象的空间关系，并可以展示开挖后的地质条件。将带有水工建筑物模型的三维地质数字模型在大坝厂房位置处直接剖切，即可知道现有设计方案中水工建筑物所处的地质条件情况，为接下来的土建设计施工提供指导，见图 4.29～图 4.31。

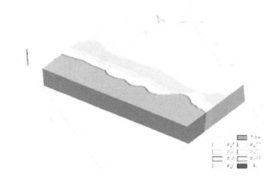

图 4.25　单截面分析

图 4.26　多截面分析

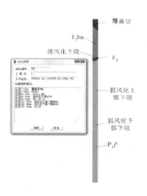

图 4.27　剖面分析

图 4.28　虚拟钻孔

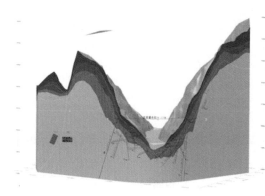

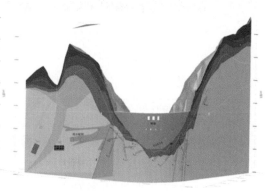

（a）开挖前

（b）开挖后

图 4.29　坝轴线三维地质竖切剖面图

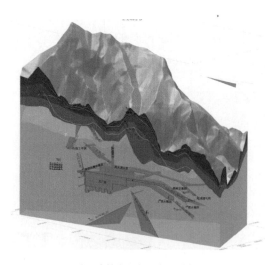

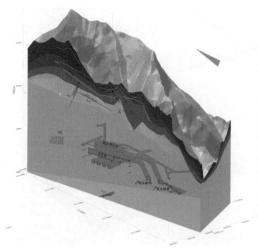

（a）主厂房轴线三维地质工程剖面图

（b）主变室轴线三维地质工程剖面图

图 4.30　厂房三维地质竖切剖面图

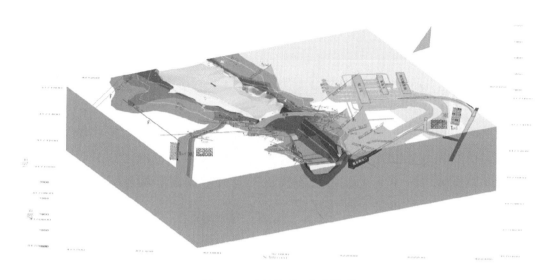

图 4.31　三维地质平切剖面图

2. 模型转换

由于设计专业使用的设计软件与地质建模软件不同，需要对地质模型进行转换才能得到直接导入设计软件的地质模型，设计软件包括 Inventor、Revit 和 Civil 3D 软件。导入 Inventor、Revit 软件的地质模型为实体与面的混合模型，带有地质相关信息，包括地质对象的岩性、风化、建议开挖坡比及相关的岩土力学参数。Inventor、Revit 软件在处理大量实体对象时操作效率较低，在转换过程中，有针对性地进行部分地质对象的实体转换，其他地质对象以面的方式导入，可以大大降低地质转换模型的文件大小，在保证设计工作数据需求的情况下提高了软件处理地质对象的效率。导入 Civil 3D 软件的地质模型为面模型，带有面的相关属性，如地层分界面、风化程度、水位面等信息。通过面模型及面边界的数据转换，可以保证地质模型向 Civil 3D 软件的无损转换。导入 Civil 3D 软件的地质模型见图 4.32，导入 Inventor 软件的地质模型见图 4.33。

图 4.32　导入 Civil 3D 软件的
地质模型

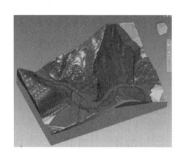

图 4.33　导入 Inventor 软件的
地质模型

通过前期的三维地质数字模型分析可确定水工建筑物最有利于土建开挖设计的布置方案，将地质模型导入到设计软件中即可进行土建的开挖设计。

4.3 开挖回填设计

开挖回填设计是土建设计的一个重要部分。选择合理的开挖回填方式，并尽量做到挖填平衡；开挖量很大时，合理布置渣场以及合理运用渣料，可以有效地减少施工成本。基于勘察各阶段提供的基础数据建立的三维地质数字模型为土建开挖回填设计提供了技术支持。

4.3.1 基于 Civil 3D 的开挖回填

结合工程实践经验，总结基于 Civil 3D 的场地开挖流程如下：

（1）在 Civil 3D 中完成场地的挖填方设计，把 Civil 3D 中的开挖模型整理成包含场地开挖相关信息布置图，主要包含等高线、机组中心线等，见图 4.34（a）。

（2）在 Revit 中使用"自动-原点到原点"方式链接 DWG 地形图。

（3）在 Revit 中从链接的 DWG 文件中获取坐标（"管理"→"坐标"→"获取坐标"），这样可以使 Revit 中的坐标和 CAD 中的坐标保持一致，见图 4.34（b）。

（4）把项目基点移到合适位置（如某台机组的中心点），并指定项目基点到正北的角度和高程。

（5）生成开挖后地形（"体量和场地"→"地形表面"→"通过导入创建"），并拆分表面，以区分原始地形和开挖后的地形，见图 4.34（c）。

（6）根据导入的机组中心线进行厂房建模，如果已另外建好厂房模型，可通过链接 Reivt 模型导入，见图 4.34（d）。

基于 Civil 3D 的厂房场地开挖设计可以把 Civil 3D 中的开挖设计成果直接引入到 Revit 中，并保证 Revit 中的坐标和 DWG 文件的坐标完全一致，实现 Civil 3D 和 Revit 软件的有机结合。但 Revit 中生成的开挖后地形没有在 Civil 3D 中的精确，开挖后地形仅可作为设计时的参考。

4.3.2 基于 Inventor 的开挖回填

基于 GeoBIM 开挖的三维地质模型可以导入 Inventor 中。基于 Inventor 在三维地质模型的基础上进行开挖设计，对于设计的质量、水平和效率显然是一个质的飞跃。基于 Inventor 的场地开挖流程如下：

（a）Civil 3D中完成场地的挖填方设计

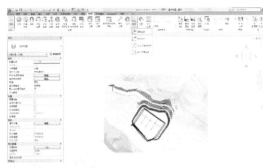

（b）Revit中获取坐标

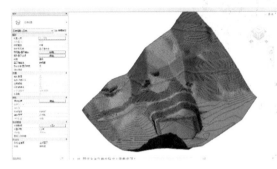

（c）Revit中生成开挖后地形

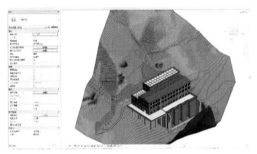

（d）链接设计好的Revit模型

图 4.34　基于 Civil 3D 的开挖回填设计

（1）首先要对 Revit 中的模型进行简化。简化的一般原则如下：

1）太过细节的模型不要。例如螺栓螺母、栏杆扶手等。

2）不是主要表现的模型不要。例如电气设备里面的很多管线等，在地质模型中只要知道主体部件的位置就好，管线细节无须在地质中体现。

3）体型太过复杂、但又不是主要体现的模型可对族文件进行编辑简化或换成主要尺寸一致、造型简单的族。例如在 Revit 中选用的门、窗等往往带有很多的细节（如门把手、窗框等无关紧要的细节）。

4）保留主要模型轮廓，去除细节模型轮廓。例如水轮机、发电机、桥机等内部模型极其复杂，在地质模型中只要体现水轮机、发电机、桥机等主要外形轮廓即可。

（2）把 Revit 中的模型按专业以 sat 格式分别导出。分专业导出模型，数据更不容易出错，就算出错也更容易发现问题的所在，方便在 Inventor 中对模型进行管理，例如可控制要显示专业的模型。

（3）将 sat 格式导入到 Civil 3D 中进行坐标匹配。

（4）在 Civil 3D 中完成坐标匹配后以 iges 格式导出。

（5）把 iges 格式模型导入到 Inventor 软件中形成零件；在形成零件时注

意观察模型与原模型存在的差异（这个过程有可能存在某些部位模型缺失等差异），对零件重新赋材质（因为此时材质已经缺失）。

（6）将刚生成的各专业的 ipt 零件和地质模型零件在部件中进行装配，装配方式选择按原坐标匹配即可，最终效果见图 4.35。

图 4.35　Inventor 中集成各专业模型整体布置图

4.3.3　基于 Revit 的场地开挖回填处理

Revit 软件不仅适用于民用和工业建筑，而且也在各种类型的土木工程（如管廊、桥梁、水电站等）中得到广泛应用。在土木工程上应用就需要对场地进行大量的挖填方处理，Revit 软件也提供了一些场地处理工具。Revit 软件自带的场地处理功能比较薄弱，可通过"建族地坪"和"平整区域"进行一些简单的处理，但这仅适用于地形和开挖非常简单的情况，对于水电站等地形和边坡开挖非常复杂的情况，还是无法胜任的。

由于这些自带的工具非常简单，这里就不详细叙述了。

4.4　结构设计及结构分析

土建设计涉及地基、边坡处理以及土建中的其他结构设计等，这些结构设计方案通过严格的结构分析计算而来，并符合我国的相关设计规范。对于复杂结构设计，可借助 CAE 分析软件来验证结构设计方案的合理性。结合各个专业的特点，大坝和金属结构的数字化设计应用 Inventor 软件；厂房、建筑、机电等专业的数字化设计应用 Revit 软件。运用数字化的设计数据，大坝、厂房和金属结构专业可以将模型数据导入 CAE 软件中对结构进行应力分析计算，机电的水力机械专业结合 CAE 软件可以对过流部件进行流量分析。

4.4.1　结构图元

结构图元是结构三维数字化设计的基础。借助内建的结构图元以及二次开发的结构设计图元，可以完成各种复杂结构设计。下面介绍两种结构图元创建方法。

4.4.1.1　常规结构图元创建

水电站厂房结构图元设计采用在项目内构建内建模型和创建可载入族两种方法：第一种方法适用于结构较简单的图元；第二种方法常用于结构复杂的图元创建。水电站厂房图元宜采用第二种方法创建。

创建可载入族宜选用公制结构框架-综合体和桁架族样板文件，当采用大体积混凝土三维配筋辅助系统配筋的结构建图元时须选择"公制结构柱"作为图元样板文件，见图 4.36。

图 4.36　样板文件

4.4.1.2　异形复杂结构图元创建

在水电站厂房模型中，蜗壳和尾水肘管体型极不规则，依靠常规的拉伸、放样、放样融合等方法不能得到较为精确的模型。为了实现建模的精确性，通常使用以下两种方法：

（1）通过基于 Revit 的二次开发软件完成蜗壳及肘管的建模。用户导入蜗壳肘管单线图数据后即可快速生成蜗壳肘管模型。蜗壳建模见图 4.37。

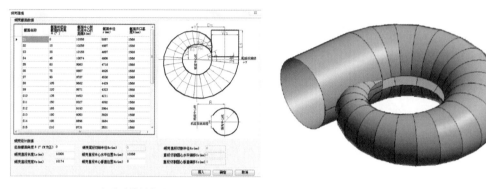

（a）蜗壳建模插件界面

（b）蜗壳Revit模型

图 4.37　蜗壳建模

（2）首先对蜗壳、肘管的典型断面参数化，进而沿着模型中心线驱动参数化断面，得到完整的蜗壳及肘管模型。肘管建模见图 4.38。

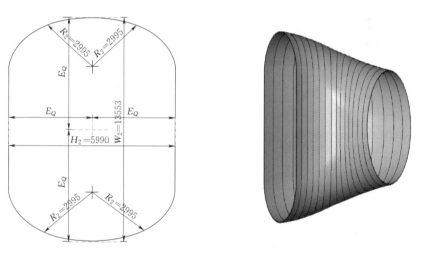

图 4.38　肘管建模

4.4.2　结构设计流程

在数字化设计平台，结构设计按照以下流程进行：

（1）进行水电站厂房结构设计时，应先熟悉厂区的水文、地质、地形及机电等专业资料，以厂区枢纽布置为基准进行厂房结构设计。

（2）为统一绘图环境和系统设置，方便后期出图，水电站厂房结构建模时采用电建昆明院规定的结构样板文件或选用软件自带的结构样板文件建立项目，见图 4.39。

（a）选择样板　　　　　　　　　　　　　　（b）使用默认样板

图 4.39　结构设计样板

（3）建模严格采用 1：1 的比例。项目长度单位宜用 mm，截面参数单位采用 mm×mm，面积单位采用 m^2，体积单位采用 m^3。

（4）根据机电资料建立轴网并命名，轴网宜选择机组中心线，高程系统应按照实际高程创建。创建完成后形成轴网文件，各专业在此基础文件上开展设计工作，全厂统一轴网见图 4.40。

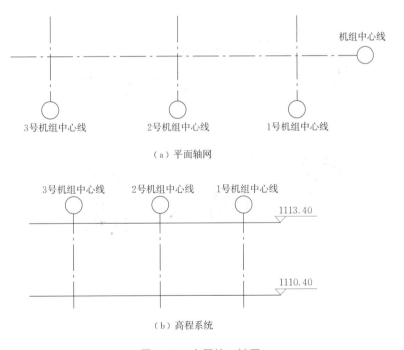

（a）平面轴网

（b）高程系统

图 4.40　全厂统一轴网

（5）根据机电提资、相关荷载规范和计算分析结果初步确定结构尺寸。

（6）按照高程从下至上建立不规则大体积混凝土族，见图 4.41。

（7）在项目中集成创建不同部位的不规则族，结构集成见图 4.42。

（8）利用软件自带规则的梁、板、柱族在项目里细化土建上部结构。

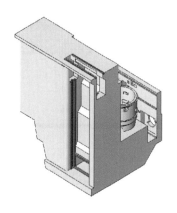

图 4.41 大体积混凝土族

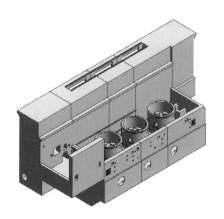

图 4.42 结构集成

（9）在结构建模过程中须链接相关专业模型，完成墙、板、槽等专业的配合工作，并协同其他专业模型开展结构建模工作。

（10）建模完成后进行结构分析计算，根据计算结果进行结构调整，调整过程中与各专业沟通协调，结构调整见图 4.43。结构调整是一个反复迭代、细化修正的过程。

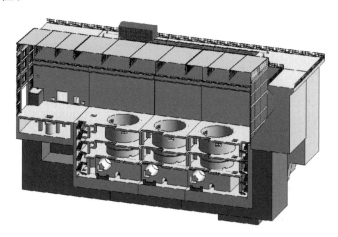

图 4.43 结构调整

（11）结构建模完成后，协同全专业进行方案和碰撞检查，根据检查结果各专业配合对模型进行调整，调整后结构专业进行三维出图。

4.4.3 结构设计难点

水电站厂房水下大体积结构极不规则，蜗壳、肘管、尾水管等流道系统结构复杂，机墩风罩一期、二期混凝土孔槽多，以上因素造成水电站厂房结构设计建模过程难度较大。结构设计过程中应注意以下几点：

（1）建模前应根据不同设计阶段的要求判断厂房大体积混凝土是否根据混

凝土分期建模。如可研阶段前可不按混凝土分层分块建模，以便快速建模；可研阶段后应按真实混凝土分层分块建模，以便统计工程量和出施工图。

（2）应根据不同设计阶段采取不同方法建立相应精度的流道系统模型。如可研阶段前采用简单的放样融合等方法建立蜗壳等流道系统，可研阶段后须采用二次开发软件对蜗壳、肘管的典型断面参数化，进而沿着模型中心线驱动参数化断面等精确建模方法建模，以便后期出施工图。

（3）水电站厂房结构虽然异形体较多，但牛腿柱、吊梁、加腋梁及尾水闸墩等相对规则的构件族应进行参数化设计，提高构件标准化程度和建模效果。

（4）自建异形族或大部分软件自带的构件族，在使用过程中应注意命名以及材料的设定，以便后续工程量统计和出施工图。

4.4.4　结构 CAE 分析

在结构设计中常用 CAE 软件进行相应的数值模拟分析来辅助结构设计。CAE 软件包括 ANSYS、ABAQUS、PKPM、YJK、CFX、FLUENT、FLOW3D 等。在数字化设计平台中，可以将结构设计 BIM 模型直接导入 CAE 软件中进行结构仿真分析。以 ANSYS 为例，ANSYS 分析的目的是完整获取在复杂外力作用下厂房内部的准确力学信息，即厂房内部的三类力学信息（位移、应变、应力）。在准确进行力学分析的基础上，工程师可以对所设计对象进行强度、刚度等方面的评判，以便对不合理的设计参数进行修改，从而得到较优化的设计方案；然后，再次进行方案修改后的有限元分析，以进行最后的力学评判和校核，确定出最后的设计方案。ANSYS 分析的工作流程如下：

（1）将完整的厂房三维模型由 Revit 软件导入 ANSYS 分析软件，计算分析模型应包含计算体及一定范围的边坡和地基整体，Revit 三维模型导入见图 4.44。

（2）明确各临空面的边界约束条件，输入包含地震反应谱在内的相关计算参数。

（3）完成静力分析计算后，采用 block lanczos 法进行模态分析，得到满足计算要求的各阶模型自振频率，见图 4.45。

（4）计算得出各工况下应力、应变结果，见图 4.46。

（5）对计算结果进行综合分析，若计算结果不满足设计要求，应对设计模型进行修改后重新进行 ANSYS 分析，直至设计模型满足设计要求。

4.4.5　厂房结构分析计算

以下以水电站厂房上部的计算为例，采用 YJK 软件介绍厂房结构分析计算。水电站厂房结构组成见图 4.47。厂房上部结构（一般指主厂房发电机层）

地面以上结构，包括屋盖系统、吊车梁、构架、各层板梁柱和围护结构，可根据工程具体情况，简化为平面问题计算，必要时也可按空间结构体系进行计算。目前，三维设计以其建模可视化、力学模型整体化的优势正在逐步取代二维计算方法。下面将阐述厂房上部结构的三维设计方法及设计流程。

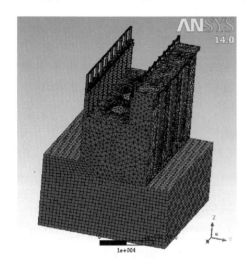

图 4.44　Revit 三维模型导入

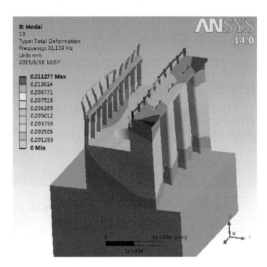

图 4.45　自振频率

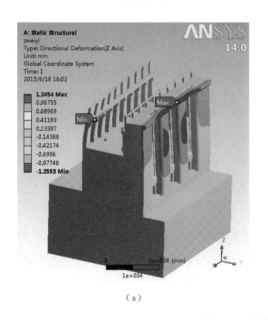

（a）

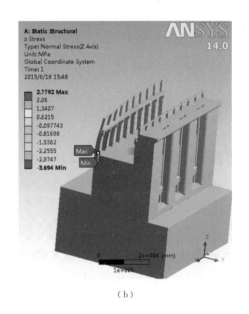

（b）

图 4.46　分析计算结果

4.4.5.1　梁格布置

水电站厂房结构设计首先进行梁格布置，目的是布置梁位置和初步确定梁板柱尺寸。在电站厂房设计中，这一过程对于后面的设计过程至关重要。合理

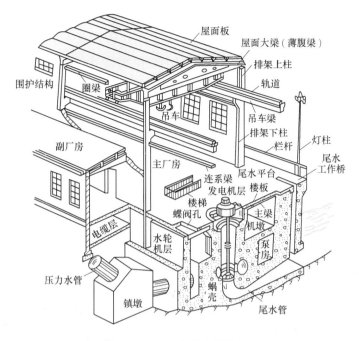

图 4.47　水电站厂房结构组成

的梁格布置可以有效地减少结构尺寸的调整次数，不合理的梁格布置可能会导致计算结果偏差大，甚至得出错误结果。

（1）结构因素。水电站厂房内一般都有水轮机层、发电机层、安装间层、电缆层、中控层等结构层，各层的梁格布置一般都会不同，其梁格间距、构件尺寸也都不一样。一般来说水电站单机容量越小，板厚越薄，梁间距越大。

（2）孔洞因素。水电站厂房内的孔洞较多，一般有吊物孔、电缆孔、通风孔、交通孔、楼梯等。在梁格布置时要根据孔洞的大小作相应的结构处理。通常边长或直径在 1m 以下的孔洞在板梁结构计算中可以不考虑其影响，只需要在构造上作相应的处理；但当孔洞的边长或直径大于 1m，且在孔洞附近有较大的集中荷载作用或板厚小于 0.3 倍的边长或直径时，必须在洞边加肋梁。

（3）荷载分布因素。荷载主要是指楼面的活荷载和设备荷载。厂房内各层的活荷载值差异较大，部分层还有较重的设备，如调速器、厂用变压器等，还有很多不规则分布的隔墙。这些因素都要在梁格布置上有所考虑，如在墙、调速器、变压器下设置承重梁。一般规律是活荷载越大，设备越多、越重，其梁格越密。

4.4.5.2　建立计算模型

厂房结构的一般构件可只做静力计算，对直接承受振动荷载的构件如发电机支承结构，宜做整体动力分析或单体动力计算。对于整体或复杂结构，除用结构力学法计算外，宜采用有限元法进行计算分析，必要时可采用结构模型试验验证。动力分析宜采用拟静力法，大型工程或复杂结构宜采用动力法复核。厂房结构设计主要采用 YJK 软件进行。设计采用有限元完成各个荷载工况下的结构三维模型计算，设计结果易于判别。对于大型工程，可采用动力时程法进行验证。YJK 软件用于构建模型的族库比较庞大，且可与其他 BIM 设计软件互通。

1. 计算和设计参数

YJK 参数设置界面见图 4.48。

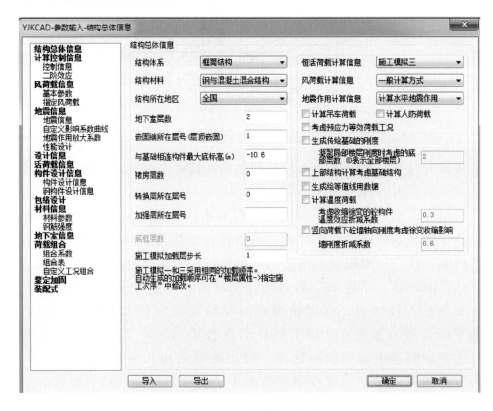

图 4.48　YJK 参数设置界面

（1）结构类型。可根据需要采用框架结构、板柱-剪力墙结构、单层厂房、多层钢结构厂房、竖向框排架等结构类型。结构材料可选择钢结构或钢筋混凝土结构类型。

（2）抗震。依据《中国地震动参数区划图》（GB 18306—2015）得到地震参数，厂房根据规范规定的抗震等级进行抗震设计，当厂房存在大跨度或长悬挑构件时，根据《建筑抗震设计规范》（GB 50011—2010）计入竖向地震力作用。

（3）风荷载。地面厂房根据规范取相应的基本风压值，并根据风载计算方法进行设计；地下厂房结构不存在风荷载设计。

（4）施工模拟加载方式。按照施工顺序选取相应的模拟施工方式进行结构荷载加载分析。一般采用"施工模拟三"，该方法采用了分层刚度分层加载的模型，假定每个楼层加载时，其下面的楼层已经施工完毕，由于已经在楼层平面处找平，该层加载时下部没有变形，下面各层的受力变形不会影响到本层以上各层，因此避开了一次性加载常见的梁受力异常的现象（如中柱处的梁负弯矩很小甚至为正等）。这种模式下，该层的受力和位移变形主要由该层及其以上各层的受力和刚度决定。

（5）荷载信息。弹性板荷载的计算方式采用有限元方式，恒活面荷载直接作用在弹性楼板上，不被导算到周边的梁墙上，板上的荷载是通过板的有限元计算导算到周边杆件。建立计算模型时，还应考虑结构材料的自重荷载。

2. 荷载简图与校核设计

（1）屋盖结构。包含屋面板、屋架、屋面梁，主要承受雪荷载、不上人屋面活荷载。

（2）吊车梁。承受吊车荷载以及吊车起重部件时在启动或制动时产生的纵、横向水平荷载，并将它们传递给排架柱或壁柱。

（3）排架柱或壁柱。承受屋架或屋面大梁、吊车梁、外墙传来的荷载和排架柱或壁柱自重，并将它们传递给厂房下部结构的大体积混凝土。

（4）发电机层楼板和安装间楼板。发电机层楼板承受着自重、机电设备静荷载和人的活荷载，传给梁并部分传给厂房下部结构的发电机机座和水轮机层的排架柱。安装间楼板承受检修、安装时机组活荷载和自重，传力给基础。

（5）围护结构。外墙承受风荷载并传给排架柱或壁柱。抗风柱承受山墙传来的风荷载，并将它传给屋架或屋面大梁和基础或下部大体积混凝土。圈梁和连系梁承受砖墙传下的荷载和自重，并传给排架柱或壁柱。厂房结构受力传递见图 4.49。

（6）平面导荷。分为主梁、次梁、柱 X 向、柱 Y 向、节点、洞口、墙，可选择只输出某些构件上的荷载。荷载统计项可以在平面简图上输出本层荷载统计汇总结果。

（7）竖向导荷。可以在竖向导荷对话框下，选择受力边进行荷载布置。可以输入恒、活荷载分项系数，按照设计组合值进行统计。

3. 特殊构件定义

（1）特殊梁。厂房设计中常需要考虑弯矩不调幅梁、连系梁、斜撑配筋、

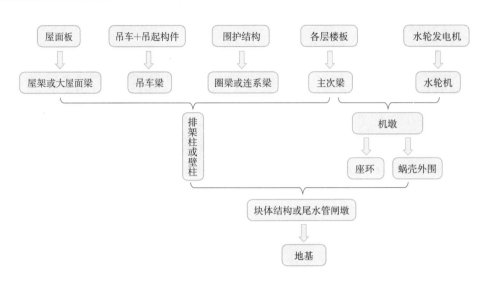

图 4.49 厂房结构受力传递

刚度系数、扭矩折减、调幅系数、铰接设置、滑动支座、门式钢梁等。

（2）特殊柱。主要考虑角柱、门式刚架柱、柱上下端铰接设置、水平转换、桁架腹杆、抗风柱、贮仓立柱等。

1）抗风柱设计时，柱顶与屋架有三种连接方式：①柱顶与屋架通过弹簧板连接；②柱顶与屋架通过长圆孔连接板连接；③抗风柱与屋架梁刚接，与钢梁、钢柱一起组成门式刚架结构。

2）竖向框排架厂房应符合下列要求：①支承贮仓的框架柱轴压比不宜超过相关规范中框架结构的规定数值；②支承贮仓的框架柱纵向钢筋最小总配筋率应不小于相关规范中对角柱的要求；③一级、二级、三级、四级支承贮仓壁的框架柱，按相关规范调整后的组合弯矩设计值、剪力设计值应乘以增大系数，增大系数应不小于 1.1，设置贮仓立柱后，软件可按《建筑抗震设计规范》（GB 50011—2010）进行计算。

（3）特殊墙。一般需要对地下室外墙和连梁折减进行调整。设置为地下室外墙的墙体，软件将考虑侧向土压力。

（4）板属性。一般情况下，楼板按照刚性板考虑，平面内刚度无限大，平面外刚度为零。对于复杂楼板形状的结构工程，如楼板有效宽度较窄的环形楼面或其他有大开洞楼面、有狭长外伸段楼面、局部变窄产生薄弱连接的楼面等，楼板面内刚度有较大削弱且不均匀，楼板的面内变形可能会使楼层内抗侧刚度较小的构件位移和内力加大（相对刚性楼板假定而言），计算时应考虑楼板面内变形的影响，对于坡屋面和斜板，刚性楼板假定也不再适用，此时楼板必须设置成弹性楼板。有时在梁的设计中需要考虑梁的轴力，这些梁的周围也必须设置成弹性楼板。

4. 反应谱分解法

采用反应谱分解法时，计算前可生成计算简图，方便进行数据检查。计算采用基于壳元理论的三维有限元 SATWE 进行设计。地面厂房三维结构模型见图 4.50。

图 4.50　地面厂房三维结构模型

5. 动力时程法

动力时程法分为弹性时程分析和考虑结构材料塑性指标的弹塑性分析。依据要求：采用时程分析法时，应按建筑场地类别和设计地震分组选用实际强震记录和人工模拟的加速度时程曲线，其中实际强震记录的数量应不少于总数的 2/3，可选取七组波（两组人工波、五组天然波）或三组波（一组人工波、两组天然波）进行时程曲线的计算分析。动力时程法计算界面见图 4.51。

图 4.51　动力时程法计算界面

弹性时程分析时，须满足如下条件：

（1）地震波的持续时间应不小于建筑结构基本周期的 5 倍（或 15s），地震波的时间间隔可取 0.01s 或 0.02s。

（2）每条时程曲线计算所得结构底部剪力应不小于振型分解反应谱法计算

结果的 65%，多条时程曲线计算所得结构底部剪力的平均值应不小于振型分解反应谱法计算结果的 80%。

（3）多条时程曲线的平均地震影响系数曲线与振型分解反应谱法所用的地震影响系数曲线相比，在对应于结构主要振型的周期点上相差不大于 20%。YJK 软件弹性时程分析中提供的地震波能满足上述条件（1）。

弹塑性时程分析时，YJK 采用隐式算法，首先建立构件的恢复力模型和简化结构计算模型，选择合适的地震波，建立结构动力方程，再采用数值方法进行求解，计算在地震过程中每一刻各质点的位移、速度、加速度响应，从而分析出结构在地震作用下弹性和非弹性阶段的内力变化和构架逐步损坏的过程。

4.4.5.3 结果分析

可进行各种定义工况组合下的设计，并将计算结果进行包络设计，得到最大值，结果分析操作界面见图 4.52。

图 4.52 结果分析操作界面

（1）结构整体指标。依据规范，重点查看计算结果中的周期比、剪重比、最大层间位移角、最大层间位移与平均层间位移之比、楼层抗剪承载力、风振舒适度、结构整体稳定、剪切刚度比。

（2）构件指标。依据规范，重点查看构件计算配筋、墙柱轴压比、钢构件应力比、梁板挠度和裂缝，对于地下结构应注意最大裂缝宽度限值。

（3）优化设计。针对建模已有构件，定义一组对应的备选优化截面，软件对属于同一建模截面的所有构件按应力比进行分组。按照截面面积从小到大的顺序排序，按照已有构件内力，依次对备选截面进行验算。将该截面特性写入计算文件并重新计算，再将备选截面代入验算，验算通过则标记为备选截面，验算不通过则继续从备选截面中选取其他截面（图 4.53）。

通常，厂房结构采用平面设计和二维图表达，然而平面图通常不够直观，且建筑、结构、设备之间的模型数据不可互通，大大增加了设计工作量。HydroBIM 采用三维设计，建筑、结构、设备均可以在一套模型下完成相应设计，有效地避免了三个专业间存在的大量"错、漏、碰"问题，同时提高了设计人员的工作效率。根据设计结果进行调整后，厂房结构设计符合相应技术规范，可进入施工图绘制阶段。

（a）吊车梁组合内力显示　　　　（b）构件截面优化设计

图 4.53　构建设计操作截面

初步设计阶段，根据建筑、结构、设备三个专业协同设计的模型，完成构件布置出图。根据计算结果合理构建结构构件的三维模型族库，通过三维设计后，将完成的模型传递到 Revit 软件中进行相应的标注，生成三维图纸。

施工图阶段，同样采用三维设计。应用 YJK – Revit 或探索者 TSPT – Revit 将修改完成的计算模型传递到 Revit 中，可以检查钢筋的碰撞情况，并根据所选用每根钢筋的实际情况，绘制三维图以及算量简图，最后节点采用三维详图，其他构件可以采用三维构件联合平法表达。

4.5　钢筋绘制

在水电站厂房施工详图设计工作中，钢筋施工图设计是厂房设计工作中图纸量最大的一个环节。为探索和解决三维钢筋模型的建立方法及钢筋施工详图的出图等问题，基于 Revit 平台二次开发了大体积复杂结构三维钢筋图绘制辅助系统。该系统主要包括通用配筋、特殊配筋、特征面配筋、常用工具、钢筋统计、钢筋标注六个模块，可针对大体积复杂结构完成三维钢筋建模、钢筋自动编号、钢筋表材料表自动生成、钢筋图出图等。主要功能见表 4.2。

表 4.2　　　　　　　大体积复杂结构三维钢筋图绘制辅助系统功能表

模　块	功　能　截　图	功能简述
通用配筋	参照面配筋　参照线配筋　绘制钢筋　单面配筋　径向配筋 通用配筋	根据选择的配筋方式和设置的钢筋直径、间距自动配筋，遇孔自动截断并按设置弯折锚固
特殊配筋	肘管建模　蜗壳建模　钢筋表　材料表　平面图　剖面图 特殊配筋	根据单线图自动生成肘管、蜗壳三维模型并可自动配筋，可根据选择自动生成平面图及剖面图，自动统计钢筋表、材料表
特征面配筋	自动配筋　特征面创建　特征面配筋 特征面配筋	对钢筋载体剖切出特征面后按设定的配筋参数自动配筋，一般用于厚墙、厚板、尾水闸墩等结构
常用工具	配置　钢筋编辑　钢筋编组　钢筋融合 常用工具	主要为初始配置及后处理功能。配置功能可设置钢筋直径、间距、保护层等。后处理功能主要为修改钢筋直径、锚固长度、弯钩形式等
钢筋统计	统计　查找钢筋　信息　钢筋表　材料表 钢筋统计	统计、查询钢筋编号、直径、根数、长度等信息，自动生成钢筋表、材料表
钢筋标注	钢筋标注　全图标注　标注类型转换　标注检查　标注配置　钢筋查找　禁用自动更新 钢筋标注	自动全图标注钢筋，钢筋标注自动更新，钢筋查找功能便于校审人员快速搜索目标钢筋

4.5.1　配置钢筋

4.5.1.1　大体积混凝土配筋

（1）基于线、面的细部配筋方法。此方法适用于需要配置钢筋的模型较为简单或仅需要对模型的局部进行配筋的情况。

1）基于面的配筋方法是以选定的连续边为钢筋轮廓，以选定的两个面为钢筋布置的范围，将钢筋布置在两个面界定的范围之间，遇有孔洞会自动截断；通常用于解决如拱面或者连续折弯钢筋的布置。

2）基于面的配筋方法分为两种：一种以线为钢筋布置路径；另一种以面为钢筋布置路径。当以线为路径时，选定一条边作为钢筋轮廓，选定与其相交的一条边作为路径，布置钢筋；当以面为参照时，选择一个面作为钢筋面，选择另外一个面作为路径面，这样两个面相交的交线作为钢筋轮廓，然后钢筋依照路径面的特征线进行钢筋配置。例如，圆孔的竖向钢筋，或者不相切的拱面，因为这种形体在 Revit 中无法直接选择它的边，所以只能以相交面的交线解决。此配筋方法会自动生成斜面钢筋，也可以设定钢筋自动延伸布置到混凝土体的边界。

（2）基于特征面的整体配筋方法。三维钢筋图绘制辅助系统会根据所拾取混凝土构件的轮廓和洞口自动识别构件的特征截面，并自动生成钢筋的配筋段。可以通过特征面管理工具管理每个配筋段的配筋参数，配筋参数包括起止特征面、起止偏移距离、配筋间距、布置方式和保护层厚度。其中布置方式包括固定间距和均匀间距两种。

结合上述两种方法可以对大体积混凝土结构实现复杂结构配筋，结构配筋三维模型见图 4.54。

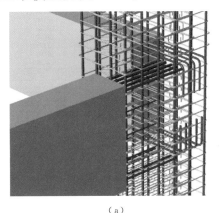
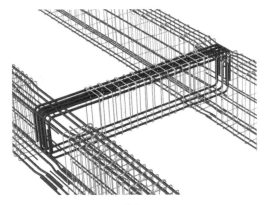

（a）　　　　　　　　　　　　　　　　　　　（b）

图 4.54　结构配筋三维模型

4.5.1.2 蜗壳、尾水肘管配筋

在大体积混凝土三维钢筋图绘制辅助系统中生成蜗壳、肘管模型后，配置基本配筋信息（包括钢筋直径、间距等），系统软件即可自动完成配筋及钢筋表、材料表统计。蜗壳、尾水管肘管配筋见图 4.55。

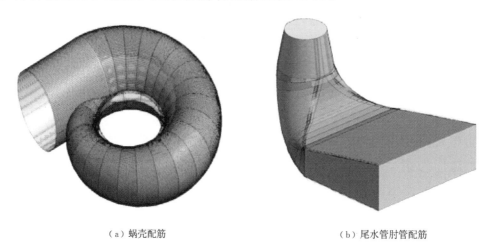

（a）蜗壳配筋　　　　　　　　　　　　（b）尾水管肘管配筋

图 4.55　蜗壳、尾水管肘管配筋

4.5.2　钢筋信息统计

在结构模型中完成配置钢筋后，设置好钢筋统计表的参数（钢筋表的列宽、行高、字体、钢筋长度统计方式等），即可生成钢筋统计表。钢筋工程量统计见图 4.56。

结构层号	钢筋表引	钢筋编号	钢筋级别	钢筋直径 mm	计算简图	钢筋根数	每根长度 mm	合计长度 mm	合计重量 kg	钢筋区分	注记
1	1	1	HRB400	8	6000	28	6000	168000	66.36	正筋	
1	2	1	HRB400	8	6000	31	6000	186000	73.47	正筋	
1	3	1	HRB400	6	1200	16	1320	21120	4.69	负筋	
1	3	1	HRB400	6	1200	29	1320	38280	8.5	负筋	
1	4	1	HRB400	10	2450	16	2650	42400	26.16	负筋	
1	5	1	HRB400	8	2250	58	2410	139780	55.21	负筋	
1	6	1	HRB400	8	6000	28	6000	168000	66.36	正筋	
1	20	1	HRB400	8	3500	15	3500	52500	20.74	正筋	

图 4.56　钢筋工程量统计

4.5.3　钢筋标注

可框选钢筋批量标注尺寸，也可对需要特殊说明的构件进行引线单独标

注。钢筋标注见图 4.57。

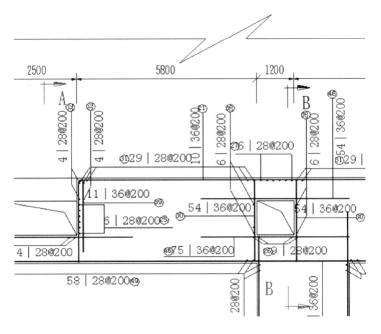

图 4.57　钢筋标注

4.5.4　出图管理

大体积复杂结构三维钢筋图绘制辅助系统钢筋出图插件可以根据添加的 Revit 模型文件夹自动扫描文件夹下面的图纸并生成项目的图纸目录。图纸目录见图 4.58。

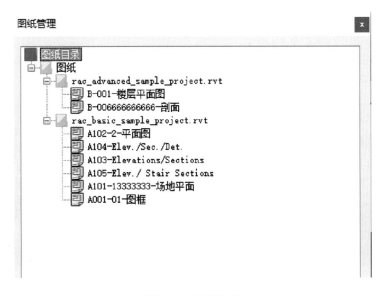

图 4.58　图纸目录

大体积混凝土三维钢筋图绘制辅助系统将以往设计中的钢筋编号、"平面、立面、剖面"钢筋标注及关联关系、钢筋数量及长度计算、钢筋表统计、材料统计等简单而烦琐的工作交给计算机自动完成，减少了设计人员工作量，同时也避免了以往钢筋表中人为因素导致的常见错误。校审人员仅需对配筋原则进行把关，无需再核对"平面、立面、剖面"是否对应及钢筋表中每个编号钢筋的直径、长度等信息，明显地提高了生产效率。

4.6 建筑设计

随着 BIM 技术的兴起，数字化设计在水电站特别是大型水电站项目的应用越来越普及，数字化设计对于建筑专业来说，能够更加直观地利用三维模型解决建筑和其他专业配合的问题。

水电站项目的建筑设计范围主要是厂房各区域的功能房间分隔、建筑防火和防爆、建筑装修和墙体预留设备开孔，这些是水电站辅助系统的组成部分，其作用是为水电站设备的运行和人员工作提供一个安全而舒适的环境。

4.6.1 建筑图元

完备的部件模型是厂房数字化设计的前提条件和必要条件。建筑模型按是否具有通用性及是否可以标准化，可分为非标准图元（根据设计实际要求无规律调整的图元）和标准图元（根据设计要求可以参数化调整的图元）。墙体是非标准图元，墙的结构要严格按照设计最终效果定义，门、窗是标准图元。出图以能正确指导施工为原则，出图表达方式与二维图相比更详细、直观，增加了三维效果视图的形式来辅助表现出图。

4.6.1.1 非标准图元

各个水电站的规模大小以及厂房房间功能的定义不同，应视工程实际情况进行建模。墙体的材质、厚度按不同的情况而定；墙体的结构要严格按照设计要求定义，每个水电站一般都需要单独建模，非标准墙体图元见图 4.59。

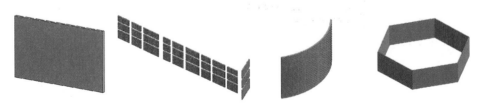

图 4.59 非标准墙体图元

4.6.1.2　标准图元

门和窗属于标准图元，是通用的图元，一般进行参数化建模，建立标准族，标准门窗图元见图 4.60。

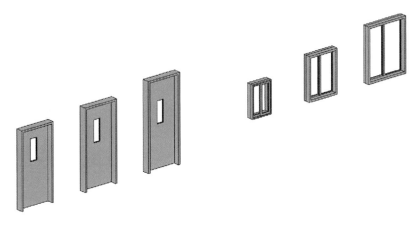

图 4.60　标准门窗图元

4.6.1.3　参数化建模

在参数化建模前，须对建模对象进行分析研究，确定所设立的参数，然后在建模的过程中不断调试，保证每个参数正确，以准确地驱动参数族。

4.6.2　建筑设计

建筑设计是水电站厂房设计的一个重要组成部分，和厂房结构设计紧密配合，其主要包括以下几方面的内容：

（1）建筑防火。根据相关的水电工程设计防火规范和建筑设计防火规范，首先对厂房建筑进行分类，定义其耐火等级，根据不同的耐火等级对建筑进行防火分区，通过防火墙、防火隔墙、防火门、防火窗等构件进行分隔，并根据建筑高度、规模、使用功能和耐火等级等因素合理设置安全疏散和相关救援设施，完成建筑防火设计。

建筑的功能布置设计是建筑设计的另一项重要内容。在预可研及可研阶段，功能布置设计主要是根据各专业的房间功能要求，结合土建设计，同时参照水电工程防火规范和建筑设计防火规范确立水电站厂房的平面布置尺寸，通过墙体和门窗等建筑构件，对建筑进行功能分隔布置和防火分区分隔。在施工图阶段，根据各专业最终要求进行详细布置和调整。一般包括厂房平面图、立面图、剖面图，同时也可以加上三维效果图以更直观地表达建筑。

（2）建筑装修。依照建筑装修风格要求，在模型中，通过对构件材质的选择，对建筑内部墙、地面、顶棚进行相应的装修设计，同时满足建筑内部装修设计防火相关规范的要求。

（3）墙体开孔。配合设备专业墙体开孔，将各个设备专业进行链接，根据洞口的安装尺寸预留要求对设备穿过的墙体开孔。这是优于二维图纸设计的主要功能之一，在很大程度上，增加了图纸的详细程度，提高准确率，更加直观地表达设计内容。

数字化设计对水电站的建筑设计起到了极大的辅助作用，有效地实现了信息的传递与应用，提高了建筑设计的智能化水平。在数字化设计的过程中，建筑专业须协同其他专业共同开展设计工作，合理优化建筑设计方案，减少施工过程中不必要的返工拆装，最终达到节约成本、保证工期的目的。数字化的应用是建筑设计发展的必然趋势。某水电站模型见图 4.61。

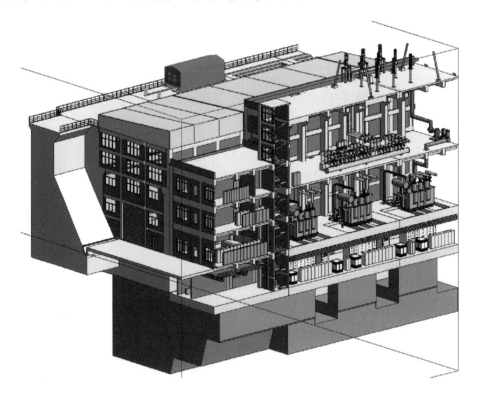

图 4.61　某水电站模型

第 5 章

HydroBIM－厂房机电数字化设计

HydroBIM－厂房机电数字化设计基于设计平台开展，原理图设计基于 CAD 开展，各专业做好各自专业的数据标准、定义、管理的工作，在三维环境下与土建专业开展相对并行正向设计，通过设计平台实现数据一致和联动。

5.1 机电设计总则

BIM 的本质是数字化与可视化技术在工程全生命周期的应用。工程的主要技术数据和逻辑关系都在系统原理图中，缺乏数字化系统原理设计的工业 BIM 是残缺而没有"灵魂"的伪 BIM。

将系统原理设计与三维布置设计以统一的工程数据库相结合，实现完整工程设计的数字化与可视化，并将数字化设计产品的更大价值通过数字化移交交付工程各方，推动工程全生命周期建设与运营水平，是 BIM 实践的核心创新。

机电数字化设计核心理念为：紧紧围绕统一数据库，实现基于 CAD 与 Revit 平台的系统和布置联动。通过流畅的数据传递，体现三大设计理念：由原理图驱动设备布置概念设计；以数据管理为基础的各专业并行于全厂整体设计；设计施工一体化的全阶段设计。

数字化设计的方案为：原理图设计采用 AutoCAD；三维布置设计采用 Revit。以原理图为顶层设计开展数字化设计，以数据驱动设计各个阶段和流程，使流畅的数据传递真正实现在设计源头的数据管理。

5.1.1 原理图设计

在 CAD 环境下调用典型方案或典型回路串拼接快速建立的原理图，从设备库中调用设备信息赋值给二维图形符号，开展数据定义，软件具有纠错功能，对于不匹配的信息将红色报警。通过提取图面信息自动生成标注和材料表，发布原理图数据进入工程数据库，作为顶层数据。后续设计使用顶层数据时，仅能引用，不能重复定义，从而保证数据的一致性和联动性，原理图设计-水力机械见图5.1。

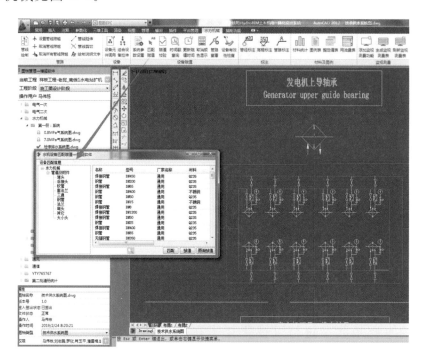

图 5.1　原理图设计-水力机械

　　设计流程为：首先通过调用典型库，快速拼出原理图，然后开展数据定义，原则为数据一次定义、多次引用。通过图面提取，实现自动标注和统计。材料表提取见图5.2。通过半自动编码实现设备数据全工程唯一标识，原理图设计完发布到工程专业库，实现全工程系统数据存储。设备编码见图5.3，系统数据发布见图5.4。

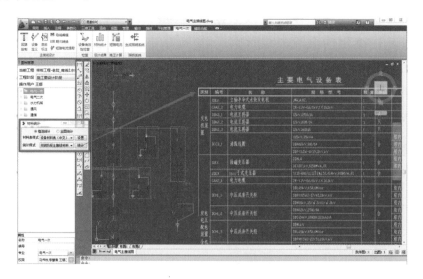

图 5.2　材料表提取

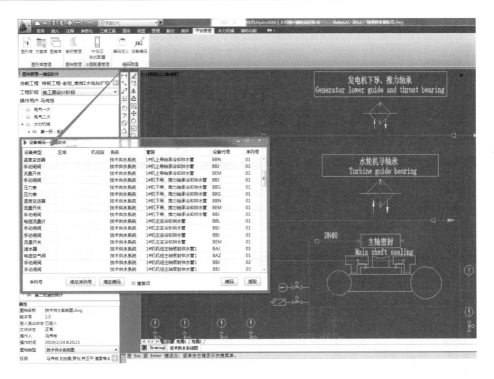

图 5.3　设备编码

图 5.4　系统数据发布

　　电气一次的厂用电、电气二次的原理图可以自动提取出电缆清册列表，作为电缆敷设的依据，此外可以自动从电气二次的原理图生成端子图，大大提高了设计效率和质量。电缆清册提取-电气二次见图 5.5，端子排提取和端子图见图 5.6。

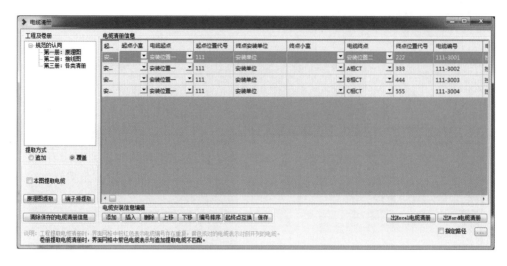

图 5.5　电缆清册提取–电气二次

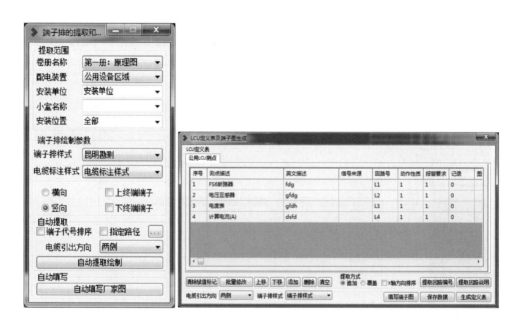

图 5.6　端子排提取和端子图

5.1.2 Revit 布置设计

在原理图中定义的设备信息，在进行三维布置时要从数据库中调用匹配的图元赋值；对于未在原理图中定义的设备，需要从设备库中调取设备信息来定义三维图元。在三维环境下，三维布置设备与系统图进行对比联动检查。通过二维、三维联动设计，保证数据一致性。

Revit 通用布置模块适用于全专业设备布置设计，提供了设备布置、设备赋值、设备编码、自动编码、材料统计、设计成果等功能。机电各专业均可以基于此功能开展三维设备布置工作，通用布置工具条见图 5.7。

图 5.7　通用布置工具条

5.1.2.1　工程族库选型

参照第 2 章各库的关系，进行工程基础库选型，从公共库里选择工程可能用到的设备数据和族数据。对于公共库里没有的数据，可以在工程基础库里直接扩充，仅在本工程范围内有效。

5.1.2.2　系统设备布置

应用系统设备布置功能一次完成三维布置和二维、三维关联，三维布置基于已经完成设计并发布到数据库的原理图数据开展。

在原理图上选择需要布置的单个或多个设备符号（见图 5.8），在图 5.8 的右侧浏览窗口中会看到该设备关联的族；选择需要布置的族，应用布置功能

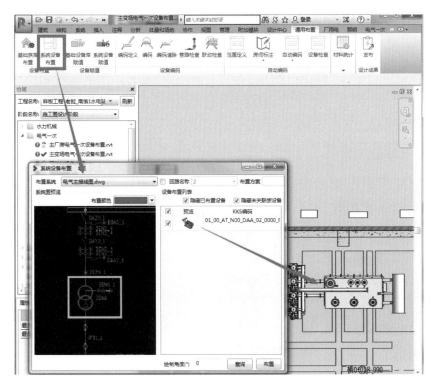

图 5.8　系统设备布置

将族放置在项目平面视图中，完成系统族布置。如果选择多个族布置，多个族将平均布置在视图平面，但是 GIS 设备除外，GIS 设备会按照典型间隔成套对应布置。

系统设备布置的设备族将与原理图二维符号、设备数据库建立关联关系，一次布置同时建立关联。应用平台通用布置属性可以查询到设备数据库里的设备属性信息，数据一致性见图 5.9。

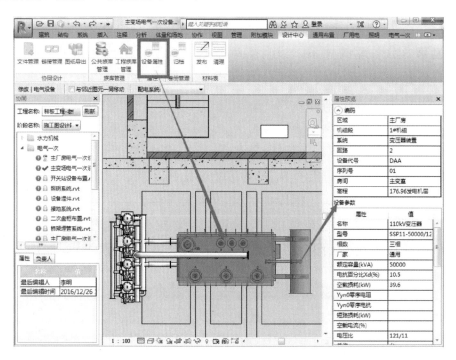

图 5.9　数据一致性

5.1.2.3　基础族库布置

应用基础族库布置功能完成几何图形布置设计，原理图设计可以另行开展。基础族库设备布置见图 5.10。

在需要设备赋值的阶段提供两种方式：系统设备赋值和基础设备库赋值。系统设备赋值是将原理图中发布的设备数据赋值给已经布置的族（见图 5.11）；基础设备库赋值是打开工程基础族库，选择设备数据赋值给已经布置的族（见图 5.12）。

系统设备赋值和基础设备库赋值均可实现将设备属性赋值给族，其中系统设备赋值实现了二维、三维关联。

在工程设计中，可根据设计需求分别独立开展三维布置和原理图设计，在后期再通过赋值建立关联关系。布置好的三维模型数据需要发布到工程专业库中。

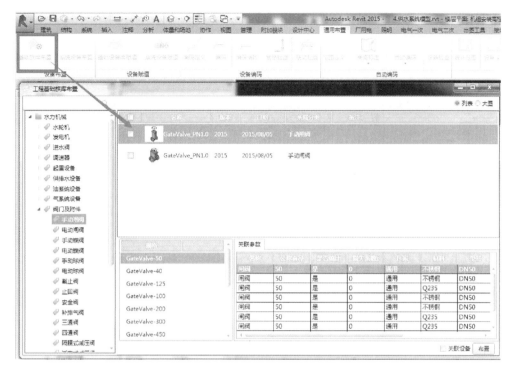

图 5.10　基础族库设备布置

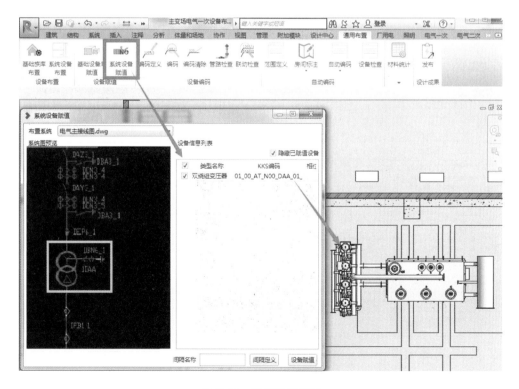

图 5.11　系统设备赋值

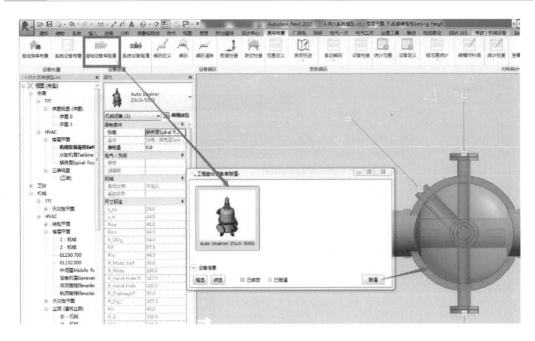

图 5.12　基础设备库赋值

5.1.3　联动检查

基于工程专业数据库开展二维、三维联动检查。对于原理图和三维布置模型数据不一致的地方，平台会提出报警，由人工手动检查修改，二维、三维联动检查见图 5.13。

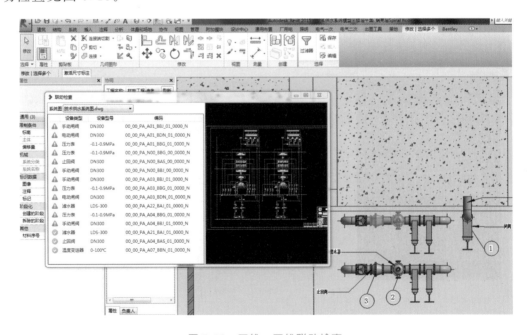

图 5.13　二维、三维联动检查

5.1.4　机电设备编码

机电设备在原理图设计时可以开展半自动编码，对于未在原理图设计时出现的设备，可以在三维环境下开展设备编码。此外，位置码要在三维环境下产生，由工程统一定义一套空间码，只要设备落入该空间范围就会被自动补充上位置码信息，对于位于两个空间码的设备，系统会弹出提示，明确手动定义属于哪个空间。

5.2　机电设备族

机电设备族包含水力机械设备族、电气设备族、通风设备族、金属结构图元。其中金属结构图元在 Inventor 下创建，其他专业基于 Revit 创建族。

完备的设备及部件族模型，是厂房数字化设计的前提条件和必要条件。水电站机电设备族按是否具有通用性、是否可以标准化，分为非标准设备族（专有设备族）和标准设备族。

（1）非标准设备族。水电站的发电机、水轮机、蜗壳、尾水管、起重设备、变压器、进水阀、调速器等设备，因各个电站的规模大小以及生产厂家的不同，一般不宜进行参数化建模，每个电站都须单独建模。水电站机械设备族（水轮机、蜗壳、进水阀、发电机定子）见图 5.14。

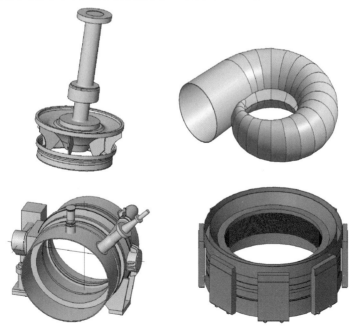

图 5.14　水电站机械设备族（水轮机、蜗壳、进水阀、发电机定子）

（2）标准设备族。阀门、滤水器、滤油机、水泵、油泵、自动化元件等设备，属于通用设备，一般进行参数化建模，建立标准设备族。水电站机械设备模型（滤水器、闸阀）见图 5.15。

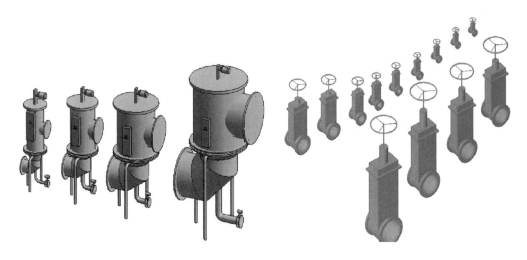

图 5.15　水电站机械设备模型（滤水器、闸阀）

在参数化建模前，须对模型进行分析研究，确定所需设立的参数，然后在建模的过程中不断调试以保证每个参数均可正确驱动模型。参数数据文件为 txt 文件。注意参数数据文件必须与族文件同名。

在项目中载入参数化族时，会弹出对话框选择具体型号的族。此时，可选择一个、多个或全部载入项目。出于模型轻量化的考虑，一般选择本项目需要的某一个类型族载入即可。

5.2.1　蜗壳、尾水管部件建模

5.2.1.1　Revit 建模方式

蜗壳、尾水管是水力发电机组的过流部件，由一定形状的过流断面沿着特定的曲线渐变而成。此类模型在 Revit 中的建模方法如下。

1. 参数化轮廓

蜗壳、尾水管肘管的单线图和断面轮廓及尺寸见图 5.16 和图 5.17。

以尾水管肘管为例，按照断面轮廓尺寸，创建了参数化驱动的断面轮廓族，定义了尾水管肘管所有轮廓类型，见图 5.18 和图 5.19。

2. 单线图导入 Revit

尾水管肘管单线图是放样路径拟合的依据，通过 Revit 中的导入 CAD

图形功能可以将尾水管单线图导入到 Revit 中，CAD 单线图导入 Revit 见图 5.20。

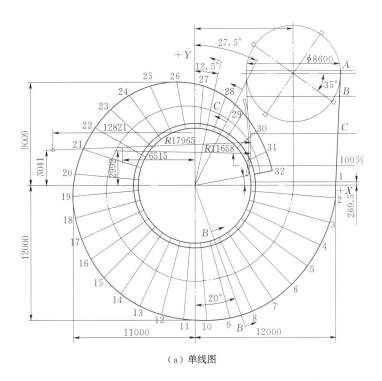

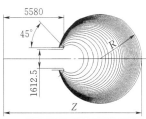

断面	角度/(°)	R	Z
A		4299.9	13300.1
B		4207.1	13188.6
C		4074.6	13029.4
100%		3961.8	12894.3
1		3900.0	12820.0
2	5	3870.9	12740.0
3	15	3830.4	12657.7
4	25	3790.0	12576.8
5	35	3748.7	12493.3
6	45	3706.5	12406.7

（a）单线图　　　　　　　　　　（b）断面尺寸

图 5.16　蜗壳（单位：mm）

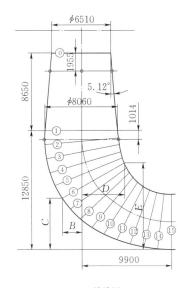

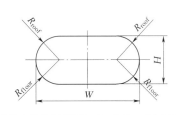

断面	B	C	D	E	H	W	R_{roof}	R_{floor}
0	-3255.0	21500	3255	21500	6510.1	6510.1	3255.0	3255.0
1	-4030.0	12850	4030	12850	8059.9	8059.9	4030.0	4030.0
2	-4060.0	11321.4	4116.6	12082.5	8212.0	8288.1	4105.9	4105.9
3	-3877.0	9803.6	4237.5	11325.6	8256.0	8597.9	4128.0	4128.0
4	-3486.1	8325.5	4395.6	10562.2	8193.0	8960.3	4096.5	4096.5
5	-2901.9	6912.6	4569.7	9889.1	8042.8	9349.9	4021.3	4021.3
6	-2128.3	5593.8	4762.5	9359.3	7852.6	9791.1	3926.2	3926.2
7	-1178.9	4395.6	5015.0	8840.0	7623.3	10265.8	3811.6	3811.6
8	-71.7	3341.1	5330.1	8336.0	7357.2	10763.8	3678.7	3678.7
9	1171.3	2451.0	5711.4	7853.7	7056.9	11319.6	3528.5	3528.5
10	2512.2	1715.0	6232.9	7338.3	6742.6	11900.6	3371.3	3371.3

（a）单线图　　　　　　　　　　（b）断面尺寸

图 5.17　尾水管肘管（单位：mm）

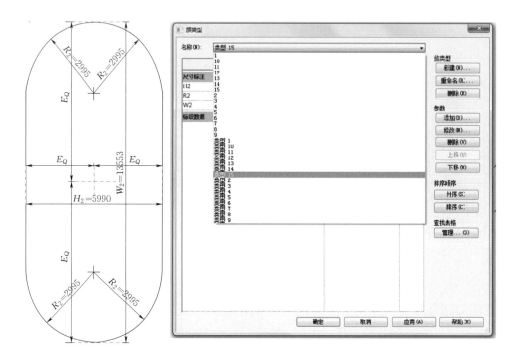

图 5.18　参数化尾水管肘管断面轮廓（单位：mm）

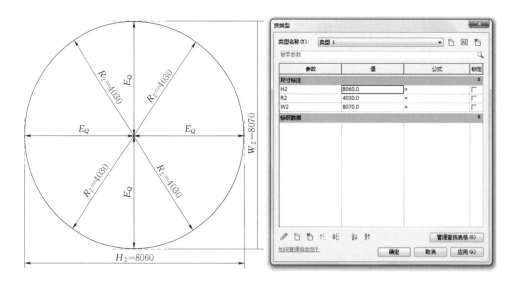

图 5.19　尾水管肘管断面轮廓样例（单位：mm）

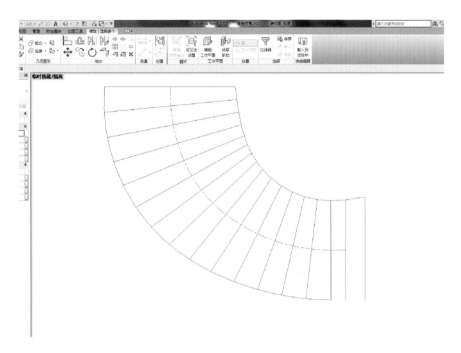

图 5.20　CAD 单线图导入 Revit

3. 放样拟合

载入建立好的尾水管肘管断面轮廓族和 CAD 单线图，进行肘管建模。具体操作方法如下：

（1）用样条曲线拟合尾水管肘管每一小节的放样单线，以两端点对应垂直的轮廓断面贴合单线图对应的两个断面为准；样条曲线拟合放样路径见图 5.21。

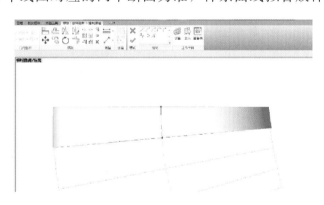

图 5.21　样条曲线拟合放样路径

（2）载入对应断面的轮廓族，对应放样曲线两端的断面轮廓族 1 和轮廓族 2，见图 5.22。

（3）生成模型。用以上方法建立尾水管肘管的所有分段模型（见图 5.23），最后拼凑成整个尾水管肘管的实体模型。同时，用同样的方法对尾水

图 5.22　载入轮廓族

管肘管进行空心剪切操作，生成最终的模型，见图 5.24。

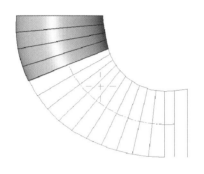

图 5.23　分段建模

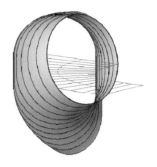

图 5.24　尾水管肘管掏空

4. 成果展示

通过以上建模方法，可以精确美观地建立蜗壳、尾水管肘管这种复杂过流部件的三维模型（见图 5.25 和图 5.26），更好地开展三维设计工作。

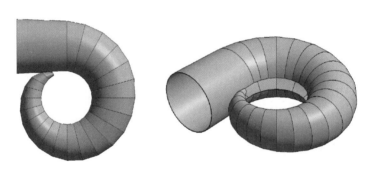

图 5.25　蜗壳三维模型

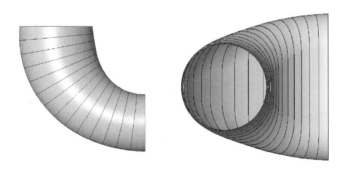

图 5.26　尾水管肘管三维模型

5.2.1.2　Dynamo 建模方式

虽然大多数电站的蜗壳、尾水管形状类似，但是它们仍然有一些差异，如断面形状不同、断面数量不同。这类部件断面数量多，并且部件本身具有变截面的特点，使得工程师在使用 Revit 常规建族方法时要花费大量的时间去建模，对不同的水电站就是大量的重复性工作，耗时耗力。

针对蜗壳和尾水管的结构特点，运用 Revit 中的参数化建模工具 Dynamo 将结构进行参数化。Revit 与 Dynamo 相结合的参数化建模过程使得工程师只需导入一些初始参数即可一键生成蜗壳和尾水管。在 Dynamo 中将蜗壳与尾水管的参数化流程打包为自定义节点，具有很好的通用性。

1. 蜗壳参数化建模过程

（1）从蜗壳二维图纸中提取数据信息。从处理后的蜗壳单线图中可以看出，单线图给出了各个断面的轮廓线。为了使建模符合实际、后期在 Revit 中操作方便以及模型更加美观，将断面图进行相关处理：首先在断面图中添加 3～5 条辅助断面轮廓线，使蜗壳流道尾部平稳过渡；其次将断面轮廓线和其他定位线按图层归类。处理后的蜗壳断面图见图 5.27。

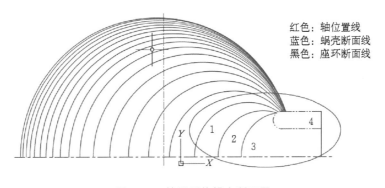

红色：轴位置线
蓝色：蜗壳断面线
黑色：座环断面线

图 5.27　处理后的蜗壳断面图

（2）处理后的蜗壳断面图导入 Revit。蜗壳断面图是放样创建蜗壳的依据，通过 Revit 中的"导入 CAD 图形"功能可以将蜗壳断面图导入 Revit 的前立面视图，与参照标高和参照平面对齐并锁定，处理后的蜗壳断面图导入 Revit 见图 5.28。

（3）Revit＋Dynamo 蜗壳参数化建模。通过 Dynamo 的相关节点读取导入 Revit 中的蜗壳断面图数据，Dynamo 读取 CAD 数据见图 5.29。

为 Dynamo 中的自定义的"金属蜗壳345°"节点输入参数，并一键生成蜗壳模型，Dynamo 自定义节点生成蜗壳模型见图 5.30。

（4）蜗壳成果展示。Revit＋Dynamo 生成的蜗壳三维模型见图 5.31。

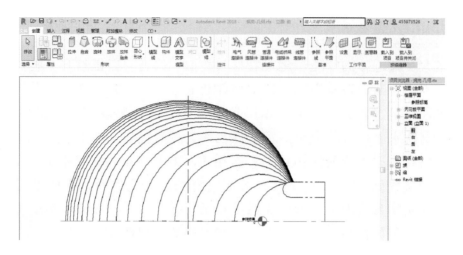

图 5.28　处理后的蜗壳断面图导入 Revit

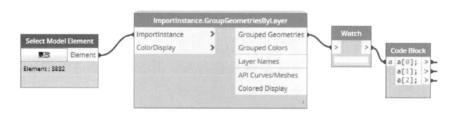

图 5.29　Dynamo 读取 CAD 数据

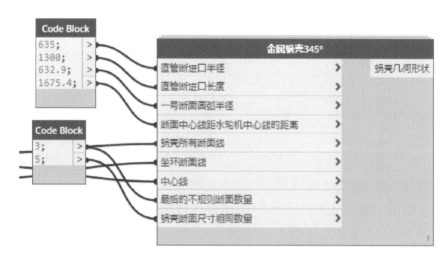

图 5.30　Dynamo 自定义节点生成蜗壳模型

2. 尾水管参数化建模过程

（1）从尾水管二维图纸中提取数据信息。尾水管的单线图将尾水管分为三段。模型的建立分为锥管段、肘管段和扩散段，只需给出每个断面尺寸及断面位置，通过放样即可得尾水管三维模型。

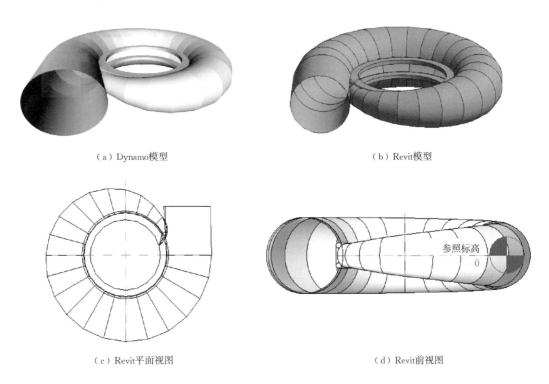

（a）Dynamo模型　（b）Revit模型

（c）Revit平面视图　（d）Revit前视图

图 5.31　Revit＋Dynamo 生成的蜗壳三维模型

将尾水管所有断面的尺寸数据保存到 Excel 中，并按照锥管段、肘管段和扩散段的顺序排序，尾水管断面尺寸见图 5.32。

	A	B	C	D	E	F	G
1	断面数	R	A	B			
2	1	613.5					
3	2.0	712.7					
4	3	707.8	1415.6	1606.6			
5	4.0	662.2	1324.4	1858.8			
6	5	579.4	1158.8	2200.0			
7	6.0	517.7	1035.5	2487.0			
8	7	458.2	916.4	2768.4			
9	8.0	399.2	798.4	3051.0			
10	9	354.0	707.9	3352.1			
11	10.0	336.8	673.6	3555.8			
12	11		728.5	3736.7			
13	12.0		1808	3737.0			

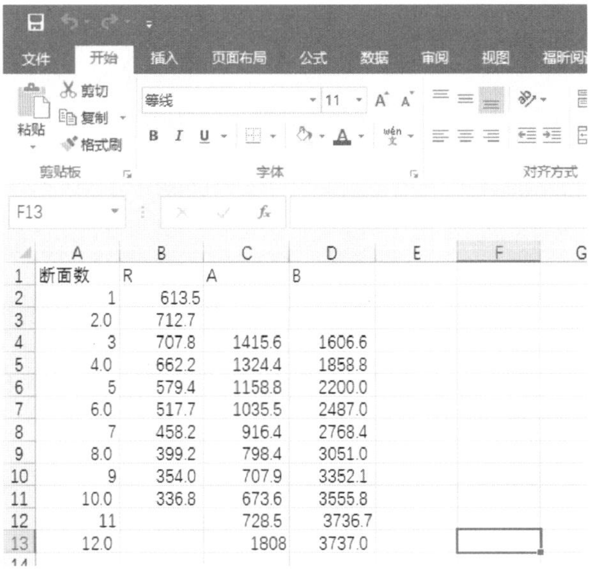

图 5.32　尾水管断面尺寸

在 CAD 软件中获取的尾水管断面位置线和中心线见图 5.33。

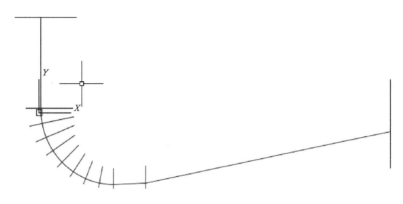

图 5.33　在 CAD 软件中获取的尾水管断面位置线和中心线

（2）尾水管断面位置线和中心线导入 Revit。尾水管断面位置线和中心线是尾水管每个断面的定位线，通过 Revit 中的导入 CAD 图形功能可以将尾水管图导入 Revit 的南立面视图，与参照标高和参照平面对齐并锁定。在 Revit 软件下获取的尾水管断面位置线和中心线见图 5.34。

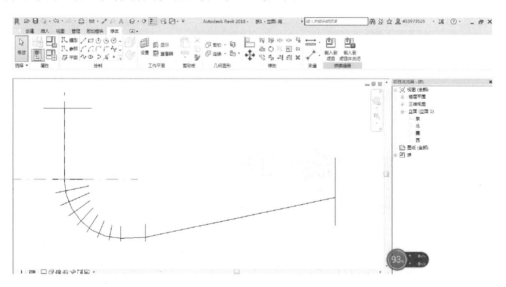

图 5.34　在 Revit 软件下获取的尾水管断面位置线和中心线

（3）Revit＋Dynamo 尾水管参数化建模。通过 Dynamo 的相关节点读取导入 Revit 中的尾水管断面数据，见图 5.35。

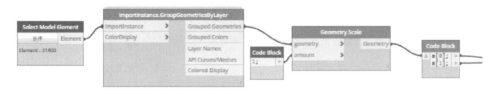

图 5.35　Dynamo 读取导入 Revit 中的尾水管断面数据

将 Excel 表格中的断面数据链接到 Dynamo 中的自定义节点"尾水管设计-截面放样"中，同时给定其他参数，实现 Excel 参数表驱动尾水管模型，并一键生成尾水管三维模型。Dynamo 自定义节点读取 CAD 数据生成尾水管见图 5.36。

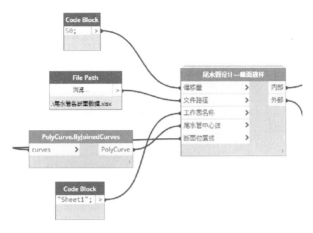

图 5.36　Dynamo 自定义节点读取 CAD 数据生成尾水管

在尾水管设计中，可以根据需求建立生成体量三维模型 Dynamo 脚本，见图 5.37。

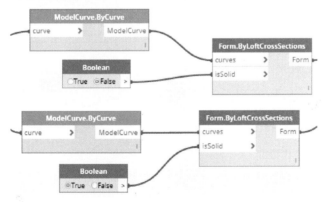

图 5.37　生成体量三维模型 Dynamo 脚本

（4）尾水管成果展示。通过以上建模方法，可以快速、精确、美观地建立蜗壳、尾水管肘管这种复杂过流部件的三维模型，更好地开展三维设计工作。Revit＋Dynamo 生成的尾水管三维模型见图 5.38。

5.2.2　电气二次设备族

以火灾报警系统相关图元为例，介绍部分实际尺寸较小的设备族的创建。

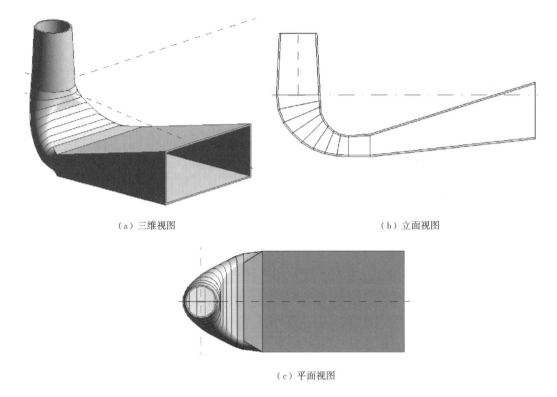

（a）三维视图　　　　　　　　　　　　　（b）立面视图

（c）平面视图

图 5.38　Revit＋Dynamo 生成的尾水管三维模型

该类设备族须附相应的图例进行注释，部分火灾自动报警系统设备图元见图 5.39。

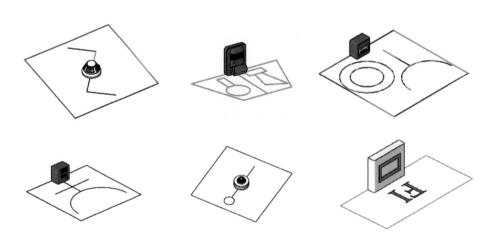

图 5.39　部分火灾自动报警系统设备图元

下面以感烟探测器图元为例介绍火灾报警系统图元的创建。

（1）实体部分。以感烟探测器为例，根据实际元件外形及尺寸建立对应的模型，同时，将实体部分可见性设置为在"精细"的详细程度下可见，感烟探测器实体部分图元及其可见性设置见图 5.40。

图 5.40　感烟探测器实体部分图元及其可见性设置

（2）图例部分。火灾自动报警系统各元件实际尺寸较小，在施工图纸中不易表示，因此需要为其添加相应图例。同时，为了与元件实体区分，其可见性应设置为"粗略""中等"的详细程度下可见，感烟探测器图例可见性设置见图 5.41。

图 5.41　感烟探测器图例可见性设置

构成图例的线条有"模型线"和"注释线"两种选择。选择用"模型线"绘制图例时，图例大小会随视图比例调整而改变；选择用"注释线"绘制图例时，图例绝对大小是固定的，其大小不会随视图比例调整而改变。两种方式各有优劣，需要根据实际设计进行选择。

5.3　电气一次数字化设计

电气主接线设计确定了设备的主要参数、电气设备布置和厂用电设计引用主接线的参数和拓扑关系，并在各自模块的设计过程中完善相关参数和拓扑关系，实现了完整的数据流智能化设计理念，保证了产品质量。电气计算模块从工程数据库中提取参数，对电气主接线、设备布置、设备安装等模块进行测算、试算、验算，为数据准确性提供科学依据。

除电气设备通用布置外，针对电气一次布置设计平台，提供了照明、接地、GIS 布置、桥架、埋管、盘柜布置、电缆敷设等功能模块，实现在 Revit 下的数字化电气设计体系。

5.3.1 电气一次设计简介

电气一次设计大致可以分为系统接线图设计（电气主接线、厂用电接线等）、方案布置图设计和施工安装详图设计（照明、接地、埋管、桥架、设备安装等）三个部分。系统接线图设计基于 CAD 开发的功能模块开展；方案布置图和施工安装详图设计基于 Revit 开发的功能模块开展。数据交互通过工程数据库实现，系统设计是顶层设计，具有数据变更的高权限。布置数据不允许反刷系统数据。

电气设计采用全厂一体化的设计理念，建立了完整的电气拓扑结构，并实现了数据统一管理，通过平台固化设计流程保证了设计的可靠性和质量。

5.3.2 电气主接线设计

电气主接线设计直接关系到电力系统运行的可靠性、灵活性和经济性。传统的设计方法，从原始资料分析，方案拟订，经济性、可靠性比较，短路电流计算，直至设备的选择，一套烦琐的工作都必须以人为主体，需要花费大量的工时、人力、物力和财力。传统的主接线设计图是静态绘制过程，设计人员把代表发电机、变压器、开关柜、电流互感器、电压互感器、GIS（气体绝缘金属封闭式组合电器）、AIS（空气绝缘的常规配电装置）、避雷器等的图形绘制完毕后，依然要花费更多的时间把图形与电气设备一一对应，标明设备的型号、数量等，在这个过程中，出错的可能性大，并且检查错误的流程烦琐，工作效率低且不能与设备布置联动，亟须标准化、信息化、数字化的全新设计手段。

为了满足现代化、数字化、信息化管理的需求，推进三维可视化协同设计的发展，提高效率，保证产品质量，电建昆明院通过设计平台理念变革传统的设计手段，结合水电站工程进行电气主接线图标准化、数字化的研究，取得了较好的效果。

（1）管理主接线数据库。根据工程实际需要，扩充工程基础库，完成主接线绘制的准备工作。扩充工程基础库见图 5.42。

图 5.42　扩充工程基础库

（2）配置主接线材料表样式。根据工程的要求，选择设计阶段，配置材料表样式。配置主接线材料表样式见图 5.43。

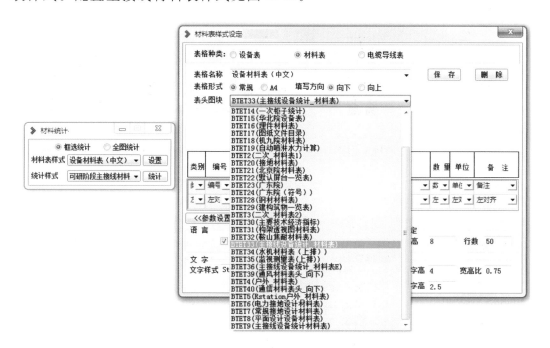

图 5.43　配置主接线材料表样式

（3）确定主接线方案。

（4）绘制主接线。从工程典型图形数据库中，选择合适的典型发电机回路（见图 5.44）、典型发电机配电装置回路（见图 5.45）、典型高压回路（GIS）

单母线（见图5.46）、典型变压器回路（见图5.47），或者直接选择典型方案（见图5.48），完成主接线图形的简单拼接。

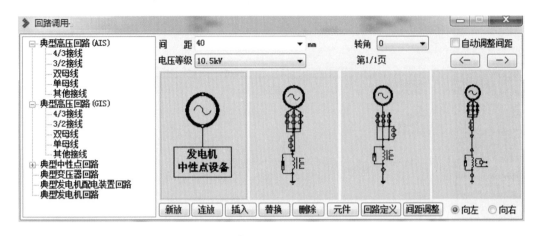

图 5.44　典型发电机回路

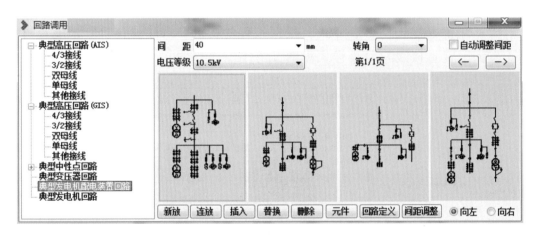

图 5.45　典型发电机配电装置回路

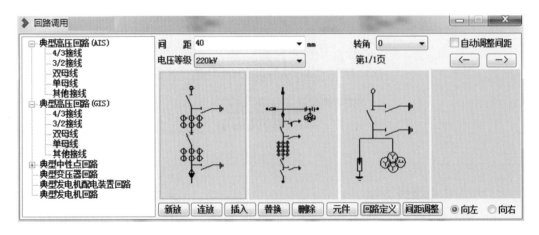

图 5.46　典型高压回路（GIS）单母线

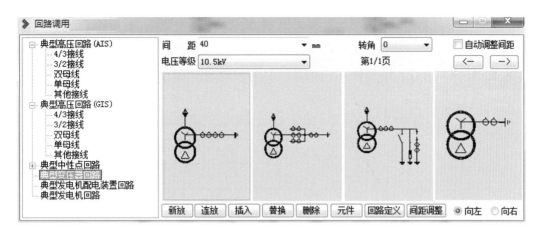

图 5.47　典型变压器回路

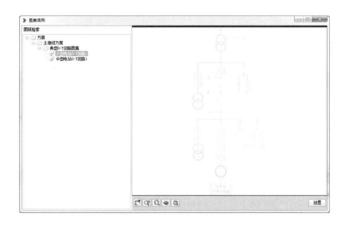

图 5.48　典型方案

图形拼接完成之后，对组装成柜的元件进行图面定义，即进行成套设备定义（见图 5.49），并进行编码定义（见图 5.50），然后将设备信息赋值给二维图形符号（见图 5.51）。

（5）计算短路电流。从主接线图中自动提取短路电流计算模型进行短路电流计算，见图 5.52。可直接从电气主接线图中提取短路电流计算模型，体现平台一次定义多次引用的原则，设备参数更准确。并且，通过短路电流计算结果，进一步复核设备参数。

（6）设备编码。通过简单框选定义实现半自动编码。

（7）设备统计标注。主接线绘制完成之后，应用材料表统计功能自动生成标准材料表，应用标注功能自

图 5.49　成套设备定义

图 5.50 编码定义

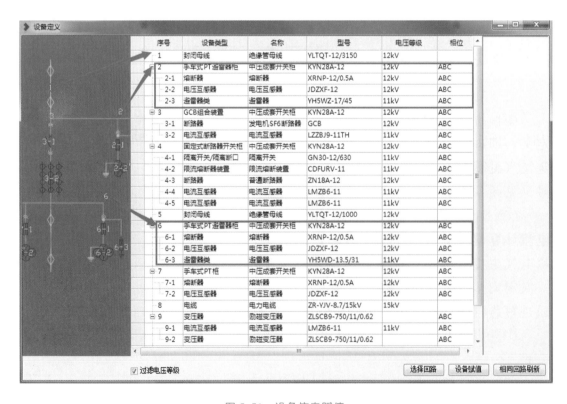

图 5.51 设备信息赋值

动完成图面注释。

（8）发布主接线图。主接线图绘制完成后，发布系统图数据进入工程数据库作为顶层数据。后续设计在使用顶层数据时只能引用，不能重复定义，从源头上保证了数据的一致性和联动性。

水电站工程基于数据库的电气主接线图标准化设计，节省了工程师的绘图时间，降低了工作强度，极大地提高了设计效率，可灵活高效地完成主接线图的绘制。

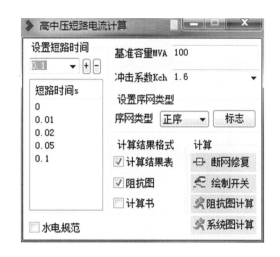

图 5.52　高中压短路电流计算

电气主接线图设计完成的同时，通过电气主接线图的发布建立工程系统库。通过二维、三维联动设计可实现设备布置与主接线图设备的一一对应，布置图中每个设备的属性均与接线图和数据库中的设备属性一致。随着工程数量的增多，积累大量的工程数据库，方便今后的追溯和知识整理，以进一步提高产品质量。

5.3.3　厂用电设计

（1）厂用电规则配置。

1）配置厂用电的标准数据库。通过翻阅设计手册、标准、规范，整理相关设备厂家的资料，完成基础元件库的标准化工作，形成电力电缆标准数据库、中低压配电柜标准数据库、电力变压器标准数据库、框架和塑壳断路器标准数据库、电流互感器标准数据库等。厂用电设计相关设备的标准数据库见图 5.53。

完善后的标准元件库可在多个工程重复使用，节省了工程师翻阅手册、标准、规范和样本资料的时间，同时使厂用电设计规范化、标准化，为厂用电智能设计系统的顺利应用奠定了基础。

2）配置标准化的图形库。为统一出图表达样式，电建昆明院整理归纳了多年的设计资料，参照已完工程的图形表达，规范厂用电系统设备和回路的表现方式，形成了标准化的图形库，见图 5.54 和图 5.55。

标准化图形库的建立符合出图习惯，规范了设计图形的表达样式，有利于推动厂用电数字化的设计，提升了出图质量，规范了出图形式。

（a）电力电缆标准数据库

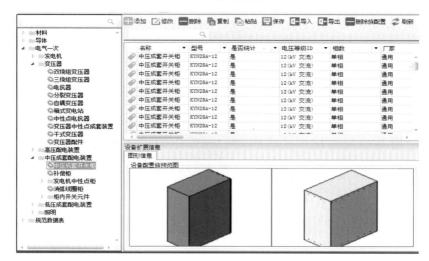

（b）中压配电柜标准数据库

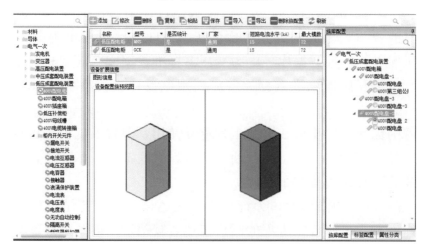

（c）400V配电柜标准数据库

图 5.53（一） 厂用电设计相关设备的标准数据库

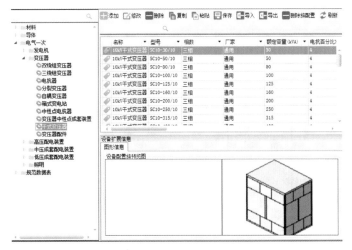

（d）干式电力变压器标准数据库

（e）框架和塑壳断路器标准数据库

（f）电流互感器标准数据库

图 5.53（二）　厂用电设计相关设备的标准数据库

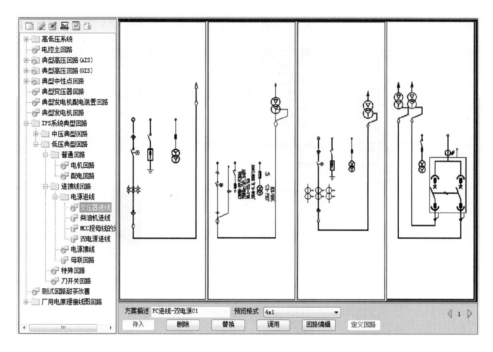

图 5.54　变压器进线的图形库

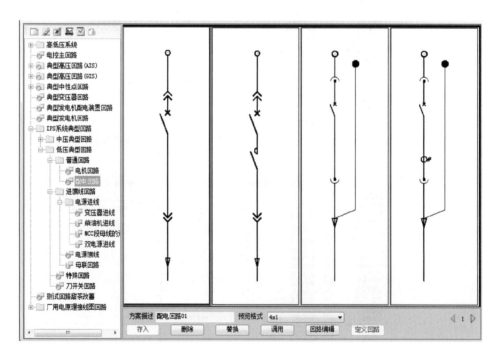

图 5.55　配电回路的图形库

　　3）配置标准化的选型规则和出图样式。在标准元件库和图形库的基础上，根据已确定的各种负荷类型、断路器与动力电缆配合表配置标准化的选型规则，见图 5.56 和图 5.57。标准化的编号规则和出图样式的配置见图 5.58 和

图 5.59。配置标准化使设计选型规范化，设计选型规则固化并交由计算机完成。校审人员将更多的精力放在初始条件的复核上。

图 5.56　元件选型规则表配置

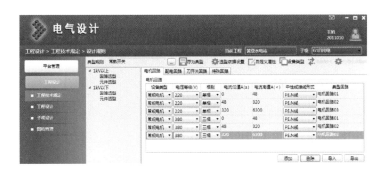

图 5.57　设计选型规则配置

图 5.58　编号规则配置

图 5.59　出图样式配置

（2）供电网络图绘制。厂用电供电网络是根据厂用电负荷大小、枢纽布置、厂坝区负荷分布及地区电网等条件经过技术、经济比较后确定的。例如，某大型水电站厂用电系统具有供电范围广、负荷点分散、厂用电负荷大、供电距离远、大容量电机多等特点，厂用电系统采用高压 10kV、低压 400V 两级电压供电。为提高机组自用电的供电质量和供电可靠性，提高照明质量，水电站厂用电系统采用机组自用电系统、照明用电系统、坝区用电系统和全厂公用电系统相互独立的方式。根据上述原则建立 10kV 供电系统、自用电、公用电、照明用电、坝区用电等子项，并定义各子项之间的关系，自动生成厂用电供电网络图（见图 5.60）。

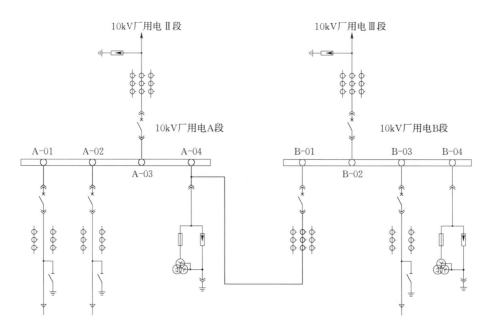

图 5.60　厂用电供电网络图

（3）设置各子项内部的接线关系，完成负荷分配。以 G1 机组自用电为例，为了保证供电可靠性，G1 机组自用电分为 A、B 两段，并设置一个配电箱满足发电机机坑内用电需要，配电箱从 A、B 两段母线通过自动转换开关取电，最后根据母线段分配负荷，见图 5.61。

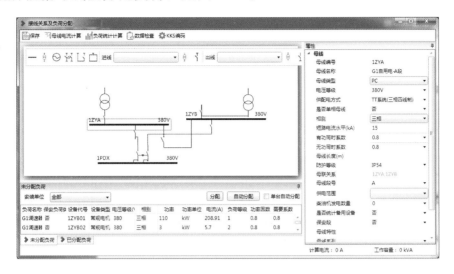

图 5.61　子项接线关系设置与负荷分配

（4）生成负荷统计表，完成厂用电变压器和柴油发电机容量计算和校验。

（5）划分柜子，自动进行元件选型，合理调整负荷回路。根据设定的标准化元件库和选型规则，自动确定每一个回路的电缆截面、断路器型号、电流互感器型号、占用开关柜的模数，并按每一个开关柜负荷基本平衡的原则组合成柜，以降低设备造价，备用回路按照整体模数控制在设定的范围内，柜子划分界面见图 5.62。

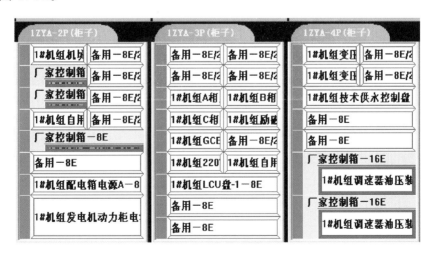

图 5.62　柜子划分界面

（6）根据柜子划分的结果自动生成厂用电接线图和电缆清册。厂用电接线图见图 5.63，电缆清册见图 5.64。

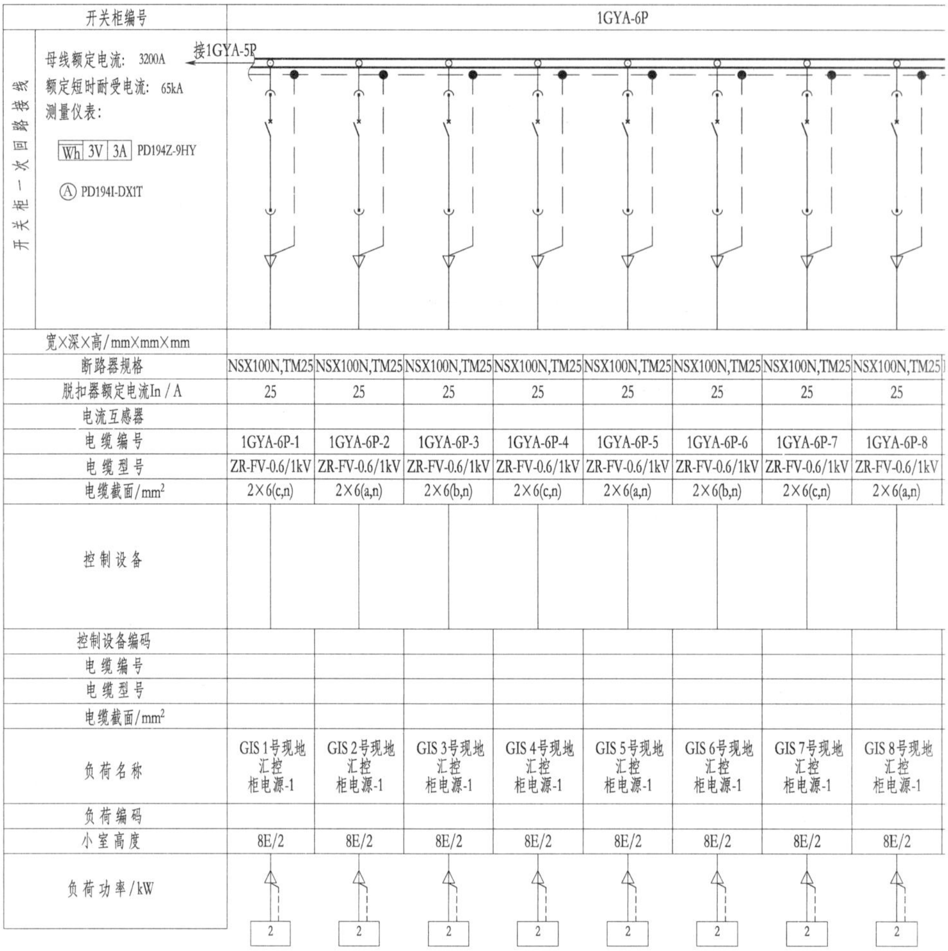

开关柜编号	1GYA-6P							
开关柜一次回路接线 母线额定电流：3200A 额定短时耐受电流：65kA 测量仪表： Wh 3V 3A PD194Z-9HY (A) PD194I-DXIT	接1GYA-5P							
宽×深×高/mm×mm×mm								
断路器规格	NSX100N,TM25	NSX100N,TM25	NSX100N,TM25	NSX100N,TM25	NSX100N,TM25	NSX100N,TM25	NSX100N,TM25	NSX100N,TM25
脱扣器额定电流In/A	25	25	25	25	25	25	25	25
电流互感器								
电缆编号	1GYA-6P-1	1GYA-6P-2	1GYA-6P-3	1GYA-6P-4	1GYA-6P-5	1GYA-6P-6	1GYA-6P-7	1GYA-6P-8
电缆型号	ZR-FV-0.6/1kV	ZR-FV-0.6/1kV	ZR-FV-0.6/1kV	ZR-FV-0.6/1kV	ZR-FV-0.6/1kV	ZR-FV-0.6/1kV	ZR-FV-0.6/1kV	ZR-FV-0.6/1kV
电缆截面/mm²	2×6(c,n)	2×6(a,n)	2×6(b,n)	2×6(c,n)	2×6(a,n)	2×6(b,n)	2×6(c,n)	2×6(a,n)
控制设备								
控制设备编码								
电缆编号								
电缆型号								
电缆截面/mm²								
负荷名称	GIS 1号现地汇控柜电源-1	GIS 2号现地汇控柜电源-1	GIS 3号现地汇控柜电源-1	GIS 4号现地汇控柜电源-1	GIS 5号现地汇控柜电源-1	GIS 6号现地汇控柜电源-1	GIS 7号现地汇控柜电源-1	GIS 8号现地汇控柜电源-1
负荷编码								
小室高度	8E/2	8E/2	8E/2	8E/2	8E/2	8E/2	8E/2	8E/2
负荷功率/kW	2	2	2	2	2	2	2	2

图 5.63 厂用电接线图

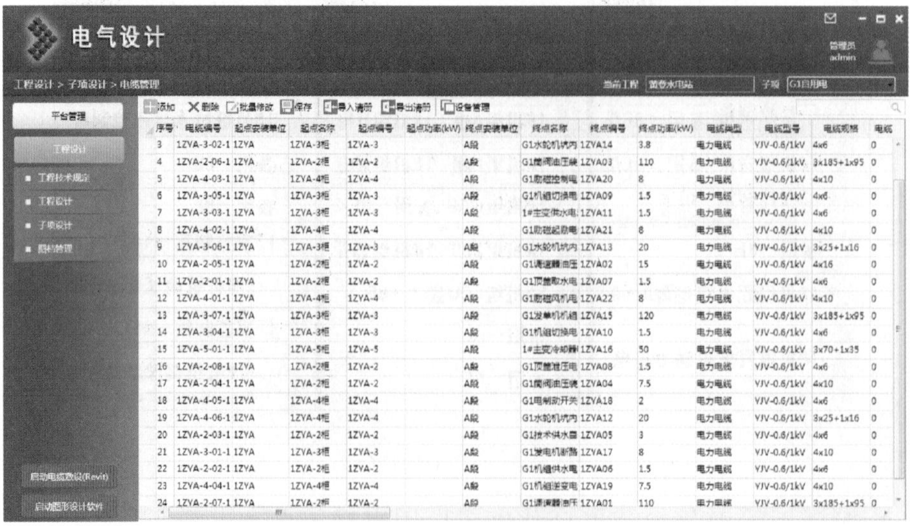

图 5.64 电缆清册

（7）灵活应对后期数据修改。厂用电开始设计时，很多设备并未招标，负荷信息需根据工程经验预估，所以后期负荷有较多的修改，包括负荷名称的改变、负荷功率的变化以及负荷数量的增减等。厂用电接线图出图后也存在修改，工作量大，调整的过程中容易出现错误。使用厂用电智能设计系统后，负荷改变时，通过智能判断厂用电接线图、电缆清册信息与工程数据库的一致性，一处修改，处处联动，时刻保证设计成果与工程数据库的一致性。

厂用电盘柜定标后，元件型号可能与最初设计时不同，未采用智能设计系统时，需要逐个手动修改，该过程容易出现疏漏，造成不必要的错误。厂用电智能设计系统使用后，只需重新选定选型规则，一键重新选型（见图 5.65），即可根据实际厂家信息修改厂用电接线图，极大地提高了设计效率。

图 5.65　元件重新选型

（8）为数字化电缆敷设提供接口。全厂电缆通道形成之后，通过自动提取电缆信息，完成数字化的电缆敷设，将敷设后的电缆路径重新导回电缆信息，进一步完善电缆清册信息，配合电缆敷设图更好地指导施工现场完成电缆敷设。

5.3.4　电缆敷设设计

5.3.4.1　电缆敷设内容

三维电缆敷设可以提供基于三维环境的智能电缆敷设方案，设计流程如下：

（1）从厂用电设计、二次原理图、通信原理图中提取电缆敷设清册列表。

（2）通过桥架、埋管、电缆沟的布置建立电缆敷设通道，形成拓扑结构图。

（3）通过路径自动匹配建立电缆与电缆路径的关联关系。

（4）从匹配关系中计算出电缆敷设最优路径，该最优路径已经考虑电缆桥架的类型，敷设原则为：路径尽量短并减少交叉，同时保证电缆敷设率。

（5）通过配置电缆清册期次及桥架批次可以实现电缆路径分批次、电缆清册分期叠加敷设。

（6）根据电缆敷设结果补充电缆清册中的电缆长度和路径，并生成电缆敷设图纸。

（7）可以通过三维电缆敷设客户端查询电缆敷设路径等综合电缆信息，该客户端支持 iPad。该查询可基于电缆清册进行，也可基于设备进行。

5.3.4.2 电缆敷设配置

在中低压设计模块中配置电缆敷设规则，包括电缆敷设生成的电缆长度余量配置、桥架占积率配置、计算电缆匹配管径配置等。电缆敷设配置界面见图 5.66。

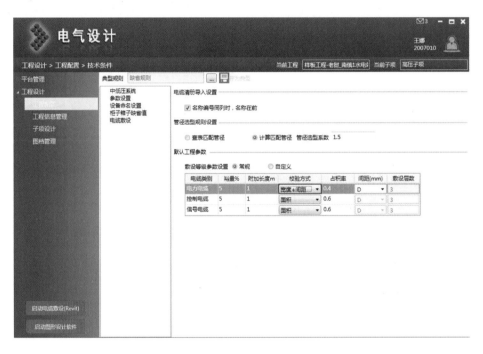

图 5.66 电缆敷设配置界面

5.3.4.3 电缆清册提取

在中低压设计模块中，基于统一数据库传递，可以对多专业电缆数据进行统一管理。电缆管理见图 5.67。

5.3.4.4 设备赋值校验

在 Revit 下调用电缆清册数据，对负荷设备在三维下进行匹配，编码一致的设备可以实现自动匹配，编码不一致的设备则需要手动进行赋值。在设备赋值校验时，蓝色填充代表赋值成功，见图 5.66。

图 5.67　电缆管理

5.3.4.5　电缆通道设计

（1）桥架设计。桥架设计通过绘制水平桥架（一次绘制多层）及垂直桥架为三维电缆敷设打下基础，桥架绘制见图 5.68。

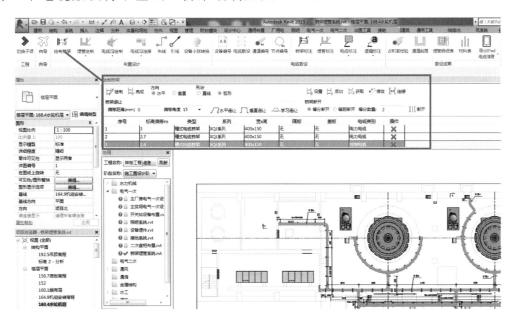

图 5.68　桥架绘制

用单线绘制桥架路径后自动生成电缆桥架。电缆桥架作为电缆敷设的通道，需要在绘制时完成电缆通道属性定义（桥架各层标高、桥架类型、隔板、盖板、电缆类别）。

（2）埋管设计。埋管设计采用工程中常见的埋管类型（水平型、水平 L 型、水平 U 型、倾斜型等）插件进行绘制，见图 5.69。若有非常规的埋管则采用埋管融合的方式进行绘制。

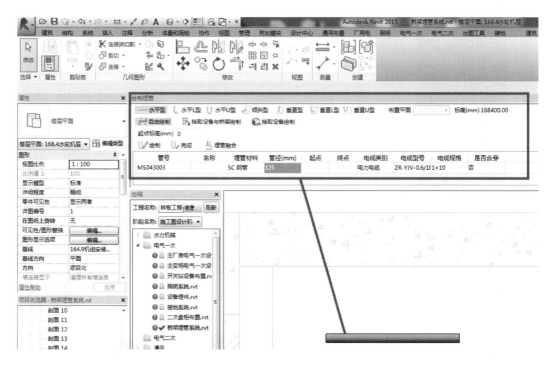

图 5.69　埋管绘制

埋管作为电缆敷设的通道，需要对埋管起/终点完成属性定义，埋管管号根据埋管所在的高程自动生成。埋管设计可以自动生成埋管明细表。

5.3.4.6　拓扑路径提取

拓扑图提取了电缆通道及设备后用拓扑路径表示，能让设计人员查看设备与电缆通道的连接关系，并可在拓扑环境下进行简单的修改。

5.3.4.7　智能电缆敷设

在拓扑图提取及自动检查电缆通道满足要求后，即可按照敷设要求（如容积率、电缆类型和最近路径）开展智能电缆敷设计算，敷设成功的电缆标记为黄色填充。电缆敷设见图 5.70。

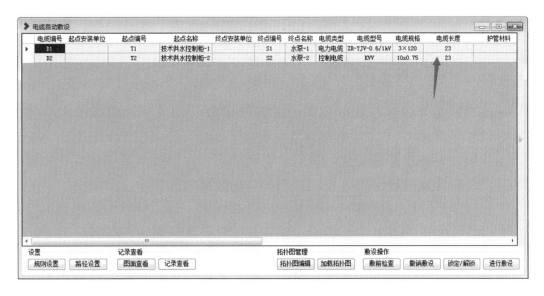

图 5.70　电缆敷设

5.3.4.8　电缆敷设设计成果

在 Revit 环境下查询电缆路径，见图 5.71。可根据电缆敷设设计生成电缆敷设图，辅助电缆敷设施工。

此外，在 PC 和 iPad 端交付平台均支持基于虚拟仿真的三维电缆查询，可以辅助电缆敷设施工。

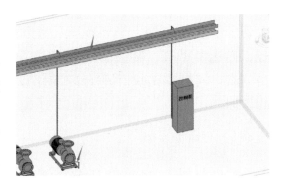

图 5.71　电缆路径查询

5.3.4.9　自动生成电缆清册

完成电缆敷设后，系统会自动统计电缆长度及护管长度。将电缆敷设数据发布到数据库中，生成的电缆长度和敷设路径自动填回电缆清册。

5.3.5　照明设计

照明设计是 HydroBIM 土木机电一体化设计系统平台（以下简称"设计平台"）的重要组成部分，可以通过设计平台完成照度计算、照明设备布置、照明系统发布、照明接线图绘制等工作。

以往在用二维软件进行照明设计时，除了照明设备布置、导线连接需要设计以外，还需要计算照明箱回路负荷、画接线图、统计材料表，工程师很多精力都花在简单、重复的工作上。

设计平台通过参数化赋值，能够实现自动计算回路负荷，自动生成接线图、材料表，让工程师回归到设计中，同时减少人为统计的错误，真正实现"一次赋值、多次使用"的 BIM 标准化设计要求。

5.3.5.1 照明规则配置

照明设计首先要进行制图样式的配置。配置内容包括设备标注、颜色设置、导线默认敷设方式、回路配置等；配置的目的是实现标准化设计。在设备、导线标注时读取标注配置，进行自动化标注；在导线回路连接时，根据选择的回路类型读取导线配置，自动绘制相应的导线回路。

配置完制图样式后要进行工程基础设备库选型。将工程中需要用到的设备从公共设备库导入工程基础设备库。工程基础设备库选型是为了控制在工程内可使用的设备种类，达到标准化设计要求。

工程基础设备库选型完成后，还需进行工程基础族库选型。将工程中需要用到的族从公共族库选入工程族库。

照明设备库选型及族库选型是使用设计平台进行照明设计的关键步骤，关系到后续设备布置、设备赋值、系统发布、材料表提取、接线图提取等能否顺利完成，同时也是设计平台标准化设计的基础。

5.3.5.2 照度计算

照度计算是照明设计前的重要工作，目的是估算灯具数量、指导灯具布置。目前设计平台提供的照度计算方法为利用系数法。使用平台进行照度计算时，只需选定房间便能自动提取房间参数、从库中选取灯具以及光源，系统便能自动计算出照度值和功率密度。

其中，可以通过读取的方式将 Revit 中的房间几何信息自动读入，无需手动测量输入；灯具信息也可从工程基础设备库里选取；可以自动生成照度计算书和计算表格，方便后续校审人员审核，并可以将该计算书作为设计依据提交给业主。照度计算见图 5.72。

图 5.72 照度计算

5.3.5.3　照明布置设计

根据照度计算结果进行照明设备布置。实体布置内容包括灯具、照明箱、开关、插座等。所有可选设备族都来自工程基础族库，若设备未选入基础库，则在设备布置时选不到该设备。

（1）设备布置。设备布置时，可应用批量布置快速布置多个设备，大大减少设备布置时的工作量。设计平台提供了直线、矩形、环形等批量布置方式，灯具批量布置见图5.73。

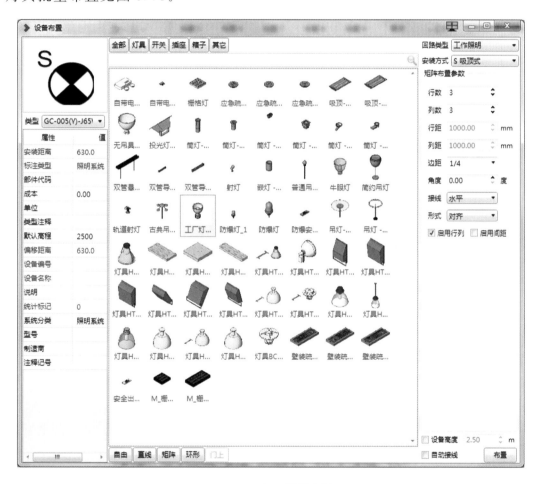

图 5.73　灯具批量布置

照明布置提供三维和图例两种显示模式，可以实现图例表达照明图面，解决了实体过小、不利于读图的问题。在照明布置时采用三维显示，建模严格遵照1:1开展，在出图时可切换成图例显示，便于图面表达。

（2）设备赋值。设备布置完成后，要进行设备赋值。赋值使设备从几何图元变成带有属性信息的模型，是实现数字化设计的关键，也是后续自动计算回路负荷、自动生成接线图和材料表的前提条件。设备赋值见图 5.74。

图 5.74　设备赋值

（3）导线连接。设备赋值完成后，进行导线连接。照明设计模块提供的导线连接为逻辑连接。导线连接方式分为手动连接和自动连接。手动连接可以设置导线与设备的连接点及导线走向；自动连接可以选择多个设备，系统自动在设备之间生成导线。导线连接见图 5.75。

（4）导线赋值。导线连接完成后，需要对导线进行赋值。导线赋值中的回路编号对应照明箱回路设定中的编号。导线赋值见图 5.76。

回路设定可以自动匹配照明箱中每个回路上连接的设备和导线。设定好的回路数据发布到数据库中，作为接线图计算的依据。

5.3.5.4　照明系统发布

照明系统发布是将系统中的所有数据（包括设备属性、导线属性、回路关系等）发布到数据库中，作为自动绘制照明接线图的数据依据。

5.3.5.5　照明接线图提取

照明系统发布成功后，便可在 CAD 下提取系统信息自动绘制照明接线图。

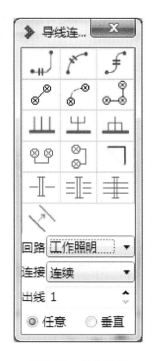

图 5.75　导线连接

图 5.76　导线赋值

Revit 视图与 CAD 的照明接线图有一一对应的关系，在 CAD 下提取照明系统信息，自动绘制照明接线图；Revit 可以通过导入系统图，直接插入在 CAD 下绘制的照明接线图，无需指定对应关系，设计平台自动记录三维系统发布出去的系统图对应的 CAD 接线图。照明系统提取见图 5.77。

5.3.6　接地设计

　　三维接地设计主要包括平面接地网设计和立体接地网设计。在绘制接地网前需要从工程库中调入相关图元并进行系统编码设置，接地设计模块提供多种工具以满足接地网绘制的要求，不同材质接地线的颜色不同；框选接地体批量生成焊接点，不同材质焊接点的颜色不同。全厂接地系统布置完毕后，自动生成材料表并将主接地带及其焊接点提取成主接地网络结构三维透视图，作为整体规划方案的效果图。

　　三维接地绘制为实体绘制，主接地带（水平、垂直）、支线接地线、帽檐、焊接点、垂直接地体等均为实体布置。接地设计也提供三维和图例两种图面表达方式。

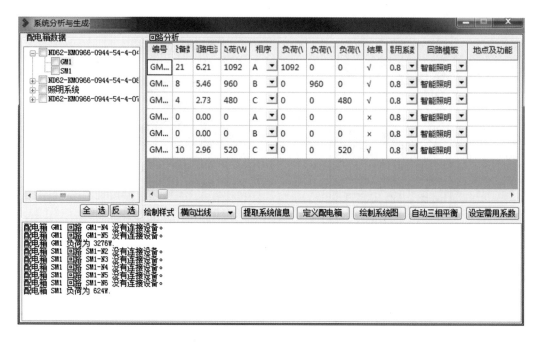

图 5.77　照明系统提取

5.3.6.1　接地规则配置

（1）高程编码配置。在设计平台管理模块下配置高程编码，以满足埋管编码和接地设计需求。在立体接地设计中不同高程需要通过引上/引下来进行连接，主接地网中引上/引下所涉及的高程需要高程编码。公共库中的接地族库选型入工程基础库，接地设计中所需要的族库都在公共数据库中，需要在工程库中选型调用公共库中的接地族库。

（2）接地布置样式及图例表配置。接地设计中接地线的材质、颜色及样式，焊接点规格及材质，以及图例表都可以按照工程要求由项目专业负责人进行统一设置，以保证出图的标准和美观。

5.3.6.2　单层接地网设计

（1）主接地带设计。选择接地材料及规格进行接地设计，主接地带可采用矩形、多边、单根三种方式进行绘制，矩形绘制适用于均分网格接地网，多边/单根绘制适用于普通接地网。主接地带绘制见图 5.78，不同类型的接地材料类型可以用颜色区分，铜/钢材料的接地网及焊接点可以在接地设计配置中用颜色区分，焊接点图例半径也可以配置。

（2）分支接地带设计。分支接地带可以通过直接拾取设备以及拾取点（任意位置带高程信息）进行绘制。如果待拾取设备在当前模型文件中，则采用拾

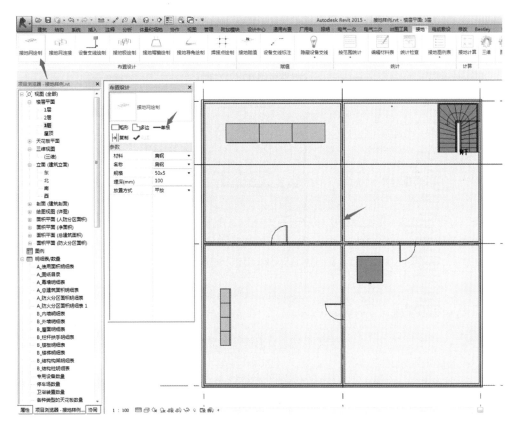

图 5.78　主接地带绘制

取设备进行绘制；如果待拾取设备在被链接文件中，则采用拾取点进行绘制。主接地带与分支接地带可通过不同颜色/线型在图纸上加以区分。分支接地带绘制见图 5.79。

（3）帽檐式均压带设计。屋外高压配电装置的出入口处需加装帽檐式均压带。通过点选入口插入点后将长度及埋深输入对话框，即可自动生成帽檐式均压带。帽檐式均压带见图 5.80。

（4）批量添加焊接点。框选平面接地网批量生成焊接点，焊接点为实体。铜焊接点和扁钢焊接点颜色不同，铜焊接点可按照连接方式在材料表中区分统计。分支接地带及批量焊接点绘制见图 5.81。

5.3.6.3　立体接地网设计

（1）引上/引下。在高程编码配置的各个高程都绘制完平面主接地网后，利用接地网连接插件生成引上/引下接地体及标注（楼层平面/高程编码高程）。在图面上选择引上/引下点，平台自动绘制实体垂直接地线，并自动添加引上/引下符号和标注。引上标注见图 5.82。

131

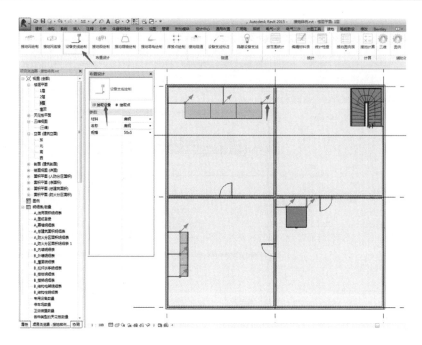

图 5.79　分支接地带绘制

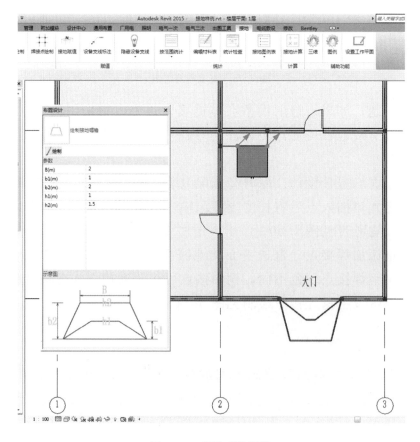

图 5.80　帽檐式均压带

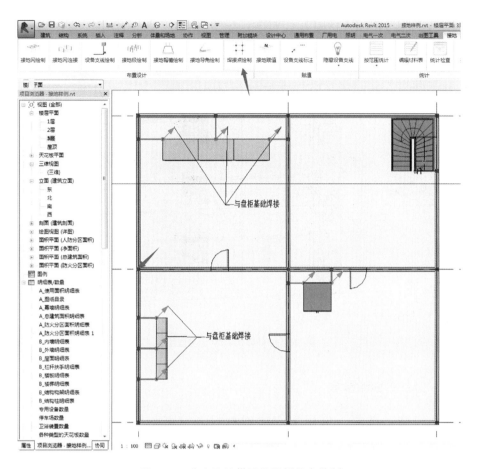

图 5.81　分支接地带及批量焊接点绘制

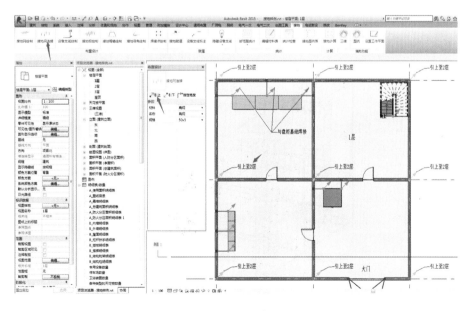

图 5.82　引上标注

（2）效果图。立体接地网三维视图见图 5.83。

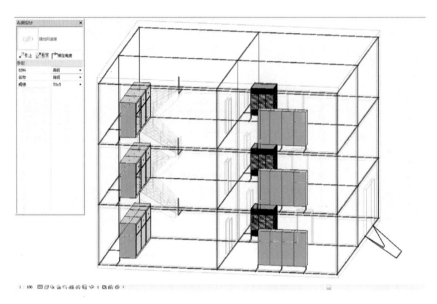

图 5.83　立体接地网三维视图

5.3.6.4　生成接地材料表

可按全模型、单层、多层生成接地材料表，见图 5.84。

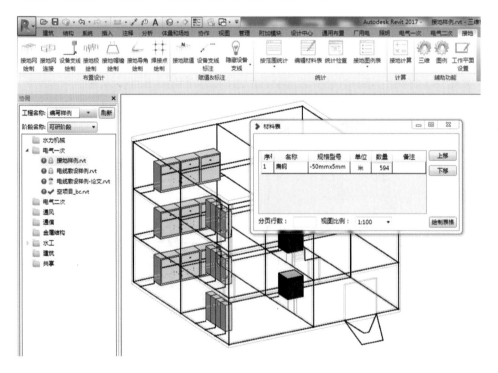

图 5.84　生成接地材料表

5.3.7 电气计算

在电气一次设计过程中，往往要在设备选型、系统校验等环节进行详细计算，并形成计算书。电气一次计算主要包括发电机参数计算等，见图 5.85。

图 5.85   电气一次计算

对电气计算进行可视化模板开发，只需要输入初始条件，便可一键快速计算生成标准模板计算书。部分计算初始数据从平台数据库中提取，并有预警机制，如果设计过程中计算初始数据发生变化，系统会发出预警，提醒设计人员检查设计过程或修改计算书。

5.4 电气二次数字化设计

传统的电气二次图纸设计流程中，设计人员需要从最基本的模块做起，直至完成全部设计任务，这是一项比较烦琐和复杂的工作。对大型水电站而言，其电气控制设备较多、系统复杂，即使是非常细心的设计人员也难免会出现错误，而且，当设计人员发现设计错误后，修改设计结果非常困难，工作量非常大，导致水电站电气二次系统设计的效率低、周期长。

HydroBIM 土木机电一体化设计系统提供二次设计模块，设计人员仅需要把精力放在原理图设计上，只要保证原理图的正确性，电缆清册及端子图的生成基本可以保证正确，从而大大提高了工作效率和设计质量。

5.4.1 电气二次设计简介

（1）在水力发电厂，电气二次的工作内容就是全厂控制、保护、监视、测量等的设计。具体而言，电气二次设计主要承担水力发电厂的监控系统设计、继电保护系统设计、励磁系统设计、直流供电系统设计、公用及辅机控制系统设计、厂用电系统控制设计、工业电视系统设计、火灾自动报警系统设计、通风空调监控系统设计、通信系统设计、变电站自动化综合设计、调度自动化系统设计、建筑智能化设计、管理信息系统设计、其他自动化控制设计等工作。

（2）设计成果简介。电气二次设计的成果，除各种报告和招标文件外，主要由原理图、端子图、电缆清册、I/O定义表等组成。

1）原理图。原理图是示意水力发电厂各系统（设备）的控制原理以及各系统（设备）之间联控关系的图纸。

2）端子图。端子图是示意不同系统（设备）之间具体电缆连接的图纸，也是原理图中具体接线的反映，即系统（设备）之间的电缆连接示意。

3）电缆清册。电缆清册是端子图中所有电缆的汇总表，包括电缆编号、电缆型号、电缆规格及电缆走向。

4）I/O定义表。I/O定义表是原理图中，从各系统（设备）输入至计算机监控系统的信号（表示为"I"），以及从计算机监控系统输出至其他系统（设备）的信号（表示为"O"）的汇总表。

5.4.2 电气二次设计流程

（1）传统设计流程。传统电气二次设计流程见图5.86。

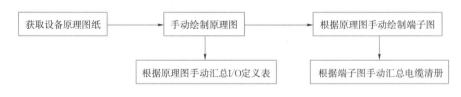

图 5.86 传统电气二次设计流程

传统电气二次设计流程中，每一个成果都需要设计人员手动完成。设计人员完成原理图设计后，还要花几乎等量甚至更多的时间来完成端子图设计及电缆清册统计工作。

（2）数字化设计流程。在 HydroBIM 土木机电一体化设计系统下电气二次设计流程见图5.87。

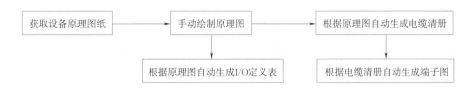

图 5.87　厂房数字化设计平台下电气二次设计流程图

对于平台下的电气二次设计，设计人员在完成原理图设计后，只需几步简单的操作，计算机就能自动生成电缆清册，再由电缆清册生成端子图。

5.4.3　电气二次设计规则配置

设计人员在开展施工详图设计之前，已完成了大量工作，如技术协议的编制、设备招标、通过设计联络会对图纸和设备参数进行修改。因此在开始绘制图纸之前，该工程的二次设备相关信息、电缆相关信息已基本确定，应先对已有的电气二次专业相关参数进行配置。同时，为保证后期图纸的样式符合设计习惯和业主需求，对图纸中相应的部分应设置好参数，以保证出图质量。

（1）设备参数。设备参数主要分为二次盘柜参数和控制电缆参数两大类。经过采购招标以及设计联络会的沟通，已经基本确定了二次设备需要满足的功能以及性能参数。在绘图过程中，可能需要的参数有二次盘柜的名称、尺寸、安装位置及盘柜编码（若有）；控制电缆的参数主要为电缆型号、电缆额定电压、电缆截面及芯数。绘制原理图时，电缆的起点和去向需要引用盘柜的相关信息，而图纸中每根电缆的参数需要在已经订货的电缆中进行选择，因此，配置设备参数信息是用软件实现图纸自动绘制的第一步。配置盘柜参数见图5.88，电缆选型见图5.89。

图 5.88　配置盘柜参数

图 5.89　电缆选型

（2）制图样式。基于原本的设计习惯以及业主的特殊要求，需对图纸中的字体、文字大小、线型、端子排样式、电缆标注样式等进行配置，见图 5.90。

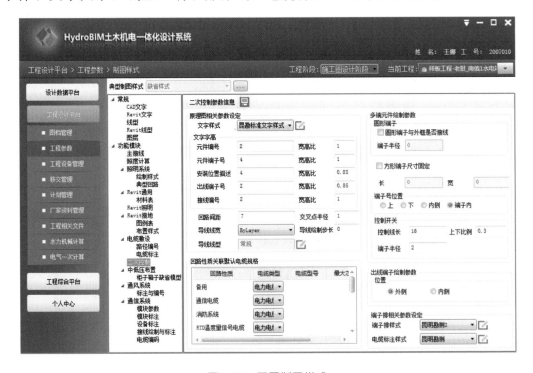

图 5.90　配置制图样式

（3）厂家资料的导入。在图纸绘制的过程中，可能要大量地引用和查阅厂家资料，如厂家图纸、设备说明书、元件参数等，建议将该部分资料导入平台统一管理。

5.4.4　原理图设计

传统的电气二次专业原理图的主要作用在于表明整个装置的工作原理以及设备与其他系统之间的数据交换，其重点是原理的阐述，同时在端子图的设计中体现设备接线信息，用于满足现场施工需求。在使用设计平台实现电气二次专业自动化设计的过程中，仅手动绘制原理图，而后自动生成端子图，因此原电气二次专业原理图和端子图中的有效信息均应包含在平台绘制的原理图中。以下对电气二次数字化设计和传统原理图设计的思路进行对比。

（1）目的。传统原理图的设计过程中需要体现的是电站（变电站）各个系统之间的联系以及本系统的工作原理。电气二次数字化设计中，除需要体现上述信息外，还需体现电缆连接关系、每个端子的接线信息。

（2）基本流程。传统原理图的设计通常是以厂家图纸为依据，结合本系统与其他系统之间的联系，研究设备在应用过程中需要采集的外部数据以及传送给其他系统的数据，从而进行对外接口的设计。电气二次数字化设计中，为保证后期电缆清册、端子图的可靠生成，需将原本体现在这些产品中的信息全部包含于原理图中，并以软件可识别的方式表达。设计过程有以下要点：

1）设置图层。为保证软件可以方便可靠地提取相关信息，将需要提取的所有有效信息统一放置于同一个图层。绘制过程中应将图层设置为"电气-二次-电缆"，图纸属性设置为"原理图"，所有绘制的属性模块都在该图层，属性模块的连接关系在当前图层。

2）赋端子模块。原理图上需要体现端子的接线及安装信息，需要赋上属性模块端子，并设置端子号、安装位置、安装代码等信息。安装位置代表了传统端子图中电缆的起点。绘制出线端子见图 5.91。

3）赋回路信息。原理图接线的绘制导线功能可绘制与属性模块端子相连接的引出线，引出线与传统端子图中的电缆引出类似，需要对引出线赋值相关的回路信息及电缆信息（电缆型号与规格、电缆去向、是否分组等），这样才能保证端子图中自动生成电缆引出，赋回路信息见图 5.92。

可见，在电气二次数字化设计中，将传统电气二次专业分散在多个产品中的信息均集中在了原理图中，通过对原理图模块的各个属性赋值，为后期电缆清册和端子图自动生成打下基础。

图 5.91　绘制出线端子　　　　　　　　图 5.92　赋回路信息

5.4.5　电缆清册提取

　　电缆清册主要用于施工现场的电缆敷设。传统清册中包含的内容有电缆的起点、终点、电缆型号规格和电缆长度。电气二次数字化设计中，电缆清册在传统模式的基础上，还需要作为原理图和端子图的中间产物配合原理图生成端子图，相比传统电缆清册会有一些附加信息。

　　图 5.93 所示为自动生成的电缆清册，清册中包含电缆起点、电缆终点、电缆编号、电缆类型、电缆型号、电缆规格、回路编号、回路性质、分组名称等主要信息，电缆编号由系统统一生成，依据电缆起点的安装位置顺序编号，其他信息则统一从原理图中提取。

　　电缆清册生成后，不仅用于指导电缆敷设，还可对原理图进行复核并且以此为基础生成端子图。通过对电缆清册的相关信息进行检查，可检查出原理图在绘制过程中无法识别的误操作，从而达到校核原理图的目的；而生成端子图则需要明确哪些回路可合并为同一根电缆引出，因此清册中除电缆敷设所需的信息外，还应包含回路编号、回路性质以及回路分组的相关信息。

电缆清册信息

关键字　[　　　　▼]　[检索]　[设置]

电缆起点	电缆终点	电缆编号	电缆类型	电缆型号	电缆规格	备用	回路编号	回路性质	分组名称
1#中压空压…	中压空压气系统…	ZKY-1029	控制电缆	KVVP	4x1.5	2	ZKY11、ZKY12	4~20m…	KC1
中压空压气…	2#中压空压机…	ZKY-1030…	控制电缆	KVVP	4x1.5	2	ZKY21、ZKY22	控制电…	
中压空压气…	1#中压空压机…	ZKY-1029…	控制电缆	KVVP	4x1.5	2	ZKY11、ZKY12	控制电…	KR
中压空压气…	1#中压空压机…	ZKY-1032	控制电缆	KVVP	4x1.5	0	ZKY0、ZKY1、ZKY…	控制电…	
中压空压气…	2#中压空压机…	ZKY-1031	控制电缆	KVVP	4x1.5	0	ZKY0、ZKY4、ZKY…	控制电…	KC
中压供气总…	中压空压气系统…	ZKY-1033	控制电缆	KVVP2	4x0.75	0	ZKY+、ZKY-	4~20m…	
2#中压空压…	中压空压气系统…	ZKY-1031	控制电缆	KVVP	4x1.5	0	ZKY0、ZKY4、ZKY…	控制电…	
2#中压空压…	中压空压气系统…	ZKY-1030	控制电缆	KVVP	4x1.5	0	ZKY21、ZKY22	4~20m…	KC2
中压空压气…	1#中压空压机…	ZKY-1032…	控制电缆	KVVP	4x1.5	0	ZKY0、ZKY1、ZKY…	控制电…	KC
126kV母线…	1#线路保护屏	YYH-1158	控制电缆	KVVP	4x1.5	1	101、103、153	PT回路	
消防模块箱	消防水泵控制箱	XFS-1176	控制电缆	KVVP	4x1.5	2	QB0、QB1	控制电…	KR
消防供水管2…	消防水泵控制箱	XFS-1207	控制电缆	ZRB-DJYP…	4x2x0.75	6	0V、XFM4-	4~20m…	
消防模块箱	消防水泵控制箱	XFS-1209	控制电缆	KVVP	10x1.5	3	FF0、FF11、FF12、…	控制电…	KC
消防供水2#…	消防水泵控制箱	XFS-1205	控制电缆	ZRB-DJYP…	4x2x0.75	6	XFM2+、XFM2-	4~20m…	
消防供水1#…	消防水泵控制箱	XFS-1204	控制电缆	ZRB-DJYP…	4x2x0.75	6	XFM1+、XFM1-	4~20m…	
消防供水管1…	消防水泵控制箱	XFS-1206	控制电缆	ZRB-DJYP…	4x2x0.75	6	0V、XFM3-	4~20m…	
消防模块箱	中控室风机控制…	XFS-1096	控制电缆	KVVP	4x1.5	2	FF0、FF1	CT回路	KR
消防模块箱	主变室风机控制…	XFS-1137	控制电缆	KVVP	4x1.5	2	FF9、XF9	CT回路	
消防模块箱	主变室风机控制…	XFS-1136	控制电缆	KVVP	4x1.5	2	FF0、XF0	CT回路	
消防模块箱	蓄电池室风机控…	XFS-1133	控制电缆	KVVP	4x1.5	3	XF0	CT回路	KC
消防模块箱	蓄电池室风机控…	XFS-1131	控制电缆	KVVP	4x1.5	2	FF8、XF8	控制电…	

图 5.93　自动生成的电缆清册

5.4.6　端子图设计

端子图的主要作用在于指导现场盘柜的安装接线，电缆敷设至盘柜后，具体每一芯电缆的接线和安装都需要通过端子图来明确。

端子图的设计是以厂家图纸为基础的，因此自动绘制端子图的前提是厂家端子图的可靠识别。通过一系列操作将厂家图纸与数据库中的端子排相匹配，同时对该端子排的安装位置进行赋值，从而确定图中电缆的起点，并将端子排与原理图以及电缆清册一一对应。端子排安装位置赋值见图 5.94。

图 5.94　端子排安装位置赋值

得到可识别的端子排后，平台可以对端子排进行自动填写，包括绘制出线电缆、绘制短接线等，从而得到满足施工需求的端子图。端子排填写见图 5.95。

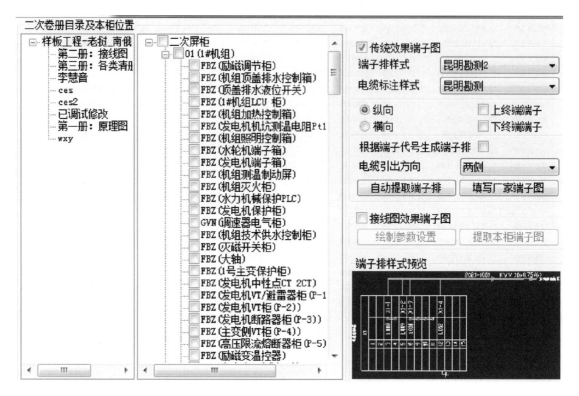

图 5.95　端子排填写

5.4.7　图纸目录管理

电气二次专业需要出大量的原理图与端子图，若手动填写图纸目录，不仅耗时耗力、效率低下，而且还容易出错，因此电气二次专业图纸目录的自动化提取与管理显得尤为迫切。对于图纸目录的管理，主要包括两个方面的内容：一是图戳的定义；二是图纸目录批量填写。

（1）图戳的定义。在日常绘图工作中，需对每一张图的图戳进行填写，但填写时字的大小、位置都要随时调整，耗费了时间和精力。

在数字化设计中，可以对图戳进行参数化定义，设定好字体的大小、样式、格式等，然后储存。当调用一个图框时，可以直接对图戳的内容进行填写。点击"定义图戳"按钮，弹出功能界面，可以根据软件具体内容与提示来设置，设定图戳中每一项要填写的名称、位置、字高、宽高比，图戳的定义见图 5.96。

（2）图纸目录批量填写。在平台中，可以对已定义好填写内容的图纸目录进行自动填写。在图纸中点击"图纸目录定义"按钮，图纸目录填写见图5.97。单击"选择文件"按钮选择需要进行填写的图纸，选择文件见图5.98。

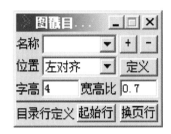

图 5.96　图戳的定义

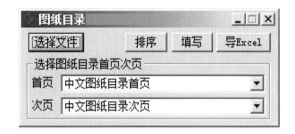

图 5.97　图纸目录填写

图 5.98　选择文件

在图5.98所示的功能界面中，左侧是目录列表，右侧是目录中的文件列表，下方是选中的需要提取图纸信息的文件名称。软件自动提取所选图纸中的图纸名称、图号、比例等信息并等待填写。图纸目录在填写时会自动分页，并可以分别设定图纸目录样式。通过上述的操作，可以自动提取图纸的目录，并保存为 Excel 格式。

5.4.8 批量图纸归档

由于电气二次专业的图纸特点，传统的人工归档存在工作量大、自动化程度低、归档流程比较烦琐的情况。图档的数字化存储管理可以增加工作效率，能够实现图纸存储、版本管理的自动化、智能化。点击"归档"菜单，弹出图纸归档界面（见图 5.99），界面中显示当前工程的所有图纸，勾选将要归档的图纸，在打印机下拉选项中选择"Adobe PDF"，点击"归档"按钮，此时弹出图档结构界面（见图 5.100）。

图 5.99　图纸归档界面　　　　　　　图 5.100　图档结构界面

选择文档将要放置的目录卷册，点击"确定"按钮，即可完成图纸的批量归档。归档后可到平台卷册处查看相应的 PDF 文件。图纸若有修改，按上述步骤重新归档一次即可，数据库可编辑最新版本的图纸，低版本仅能查阅，避免因后期修改导致归档的图纸与最终版本图纸不一致的情况出现。

5.4.9 电气二次布置设计

电气二次布置主要包括中控室盘柜基础布置、中控室盘柜布置以及火灾自动报警系统布置。

5.4.9.1 中控室盘柜基础布置

中控室盘柜基础主要起到固定、支撑二次盘柜的作用，是水电站安全稳定运行的重要保障。在设计中以平面图表示盘柜基础的长度、宽度、数量以及在中控室的相对位置，以剖面图表示盘柜基础的高度及预埋件的安装位置，以预埋基础详图表示预埋件的详细尺寸及构造。

5.4.9.2　中控室盘柜布置

中控室盘柜布置用来表示各二次盘柜的安装位置，以"平面图＋透视图"为主要表现形式。在平面图中，将二次盘柜图元布置于二次盘柜基础之上并编号，在确定相应盘柜的安装位置之后，为各个盘柜命名并列出盘柜清单，同时在合适位置布置控制台及办公椅。某水电站中控室盘柜布置图（一）见图 5.101。

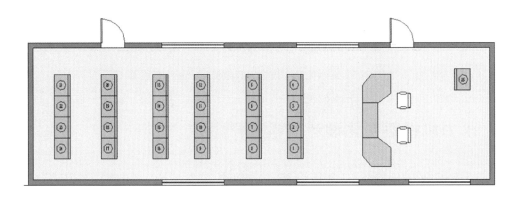

图 5.101　某水电站中控室盘柜布置图（一）

在透视图中，选择合适的三维视图直观地表示中控室盘柜布置情况。某水电站中控室盘柜布置图（二）见图 5.102。

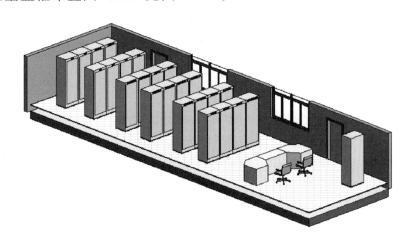

图 5.102　某水电站中控室盘柜布置图（二）

5.4.9.3　火灾自动报警系统布置

火灾自动报警系统布置一般以平面图表示，将各火灾报警设备图元布置于相应位置并设置相对高度，出图时须将视图详细程度设为"中等"或"粗略"，这样才能以图例形式表示火灾自动报警设备。同时，为了突出表现火灾自动报警设备，应将其图例设置成与环境颜色对比较为明显的颜色，见图5.103。

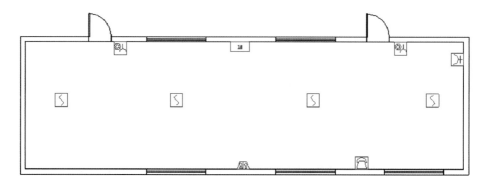

图 5.103 某水电站中控室火灾自动报警系统布置图

5.5 水力机械数字化设计

水力机械数字化设计理念是以统一的数据库为核心，结合工作流程与设计软件，保证设计数据的唯一性、准确性与一致性。通过数据的发布，有机地连接了系统原理图和设备管路布置图，水电站水力机械设计由此发生了重大变革。数字化设计大大提高了设计产品质量，减少了设计差错，提高了设计效率。

5.5.1 水力机械设计简介

水力机械设计是水电站厂房设计的一个重要组成部分，水力机械设计要和厂房土建设计紧密配合，其主要包括以下几方面的内容：

（1）水电站水力机械的计算及选型。

（2）水电站辅助系统的设计、计算及设备选型。

（3）水电站机械设备的布置设计。

（4）水电站油气水辅助系统设备及管路的布置设计。

（5）水电站主要设备埋件基础设计。

5.5.2 系统原理图设计

系统原理图是水力机械辅助设备设计的基础，做好系统原理图的设计至关重要。系统原理图设计主要包括系统方案设计、系统图绘制、设备和管路的参数选择及主要设备表、说明等。

传统的设计方法是设计人员根据水电站实际情况设计系统方案，然后用CAD绘制系统图，再将重要的参数在图中进行标注，形成系统原理图。后续的工作中若需要了解或者统计设备信息，只能从 CAD 图纸上去查阅。HydroBIM 土木机电一体化设计系统平台在 CAD 基础上开发了"水力机械系统设计"的专用工具栏。使用这些工具，可以减少系统设计的工作量。同时，专用工具栏提供了新的功能，为系统设计及后续的设计工作提供了很大帮助，避免了重复工作，有效地提高了设计效率。水力机械系统设计专用工具栏见图 5.104。

图 5.104　水力机械系统设计专用工具栏

（1）系统原理图的绘制。平台建立了水力机械辅助设备图形库，简化了系统图的绘制。图形库中包含了所有的水力机械辅助设备，并按照系统进行分类管理。绘制系统图时，打开图形库，选中设备并拖动到 CAD 界面即可。辅助设备图形库见图 5.105。

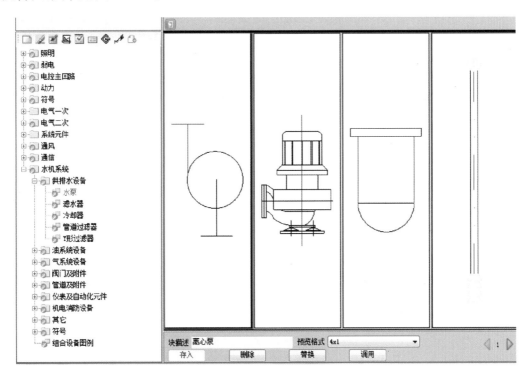

图 5.105　辅助设备图形库

（2）设备参数的赋值。设备图形库中的每项设备都具备数据特性，可以进行赋值。根据设计资料，确定设备参数，然后从工程基础数据库中选择该设备的参数，即可实现设备的赋值。阀门及附件数据库见图 5.106。

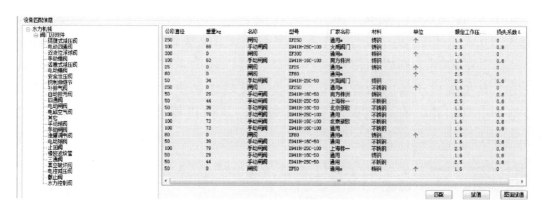

图 5.106　阀门及附件数据库

　　赋值完成后，每项设备都带有参数属性。可通过"材料统计"功能直接生成包含设备参数的主要设备表，设备参数也可以应用到后续的设计工作中。

　　（3）系统图的管路定义。设备赋值完成后，要对系统图中的每条管路进行定义。根据指定的管路，平台会对管路及管路上的设备自动编码，编码信息包含设备的位置信息、高程信息等，编码是设备的唯一标识。管路定义界面见图 5.107。

管路名称	编码	操作
中压气系统总管	Z01	✕
中压气1#机组调速器供气管	Z11	✕
中压气1#机组筒阀供气管	Z12	✕
中压气2#机组调速器供气管	Z21	✕
中压气2#机组筒阀供气管	Z22	✕
中压气3#机组调速器供气管	Z31	✕
中压气3#机组筒阀供气管	Z32	✕
中压气4#机组调速器供气管	Z41	✕
中压气4#机组筒阀供气管	Z42	✕
1#空压机出口管路	Z51	✕
1#回路供气管	Z91	✕
afffa	Z88	✕

图 5.107　管路定义界面

　　（4）系统设备信息发布。完成原理图设计后，将系统图信息发布，设备信息全部存入工程数据库。在 Revit 软件中，可以用工程数据库的设备信息直接从三维族库中提取相应的三维设备模型，实现三维设备的布置。

5.5.3　设备布置图设计

设备及管路的布置设计是水力机械设计的一项重要内容。在预可研及可研阶段，设备布置图设计主要是根据设备的外形尺寸（如设备尚未招标，则预估其尺寸），结合土建设计，确定水电站厂房的平面布置尺寸以及各功能区的规划布置、厂房分层及各层高度等。在施工图阶段，根据设备最终订货尺寸进行详细布置，并进行油气水辅助系统管路的设计及布置。设备布置图一般包括厂房布置图、基础布置图、设备及管路布置图等。

（1）厂房布置图。厂房布置图是整个水电站厂房机电设备的整体展示，它是基于水电站厂房土建模型，进行主要设备尺寸的布置定位、全厂主要总管的布置等。将厂房布置图提供给业主及施工单位，据此可对整个厂房机电设备设计方案建立总体的概念。

厂房布置图通常采取"平面图＋三维透视图"的方式。通过平面图进行设备、部件及管路的精确定位，三维透视图用以辅助读图。某水电站厂房布置见图 5.108。

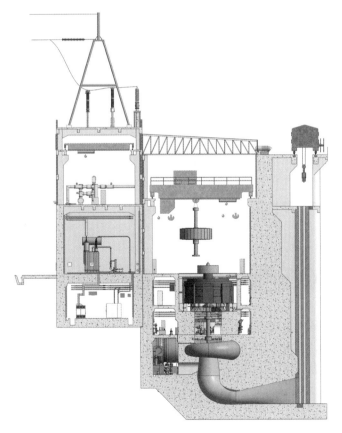

图 5.108　某水电站厂房布置图

（2）基础布置图。水电站设备基础布置图主要包括尾水肘管基础布置、尾水锥管基础布置、座环及蜗壳基础布置、发电机基础布置等。某水电站蜗壳及尾水锥管基础布置见图5.109。

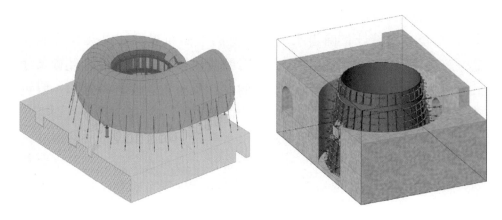

图5.109 某水电站蜗壳及尾水锥管基础布置图

（3）设备及管路布置图。设备及管路布置是施工图阶段水力机械设计的重要组成部分。在二维平面图设计时代，常出现施工现场各专业设备管路与设备管路和建筑物之间的冲突和干扰，由此造成处理工作量增加，有时甚至会导致工期的延误。全面采用三维数字化设计理念后，有效地避免了各专业之间的干扰，减少了浪费及返工。设备及元件定义来自原理图发布的设备库，保证了原理图和布置图的一致性。

水电站水力机械设备及管路布置一般包括主要机械设备的布置、油气水辅助系统设备及管路的布置等。

设备及管路布置一般采取"平面图＋剖面图＋三维透视图"的表达方式。通过平面图及剖面图进行设备及管路的精确定位，三维透视图用以辅助读图。某水电站设备管路布置见图5.110。

5.5.4 水力机械计算

在HydroBIM土木机电一体化设计系统平台里，集成水力机械计算包括渗漏排水系统计算、中压气系统计算、检修排水系统计算、常用公式计算等内容。水力机械计算界面见图5.111。

通过水力机械计算下的各个相应计算栏目，只需要将对应的初始参数输入计算模块中，就可以快速得到所需计算结果，同时可自动生成计算书。

图5.112为渗漏排水系统计算界面，输入水泵参数、计算参数就能得到相应的计算结果，点击出计算书就能自动生成doc文件格式的渗漏排水系统计算书。

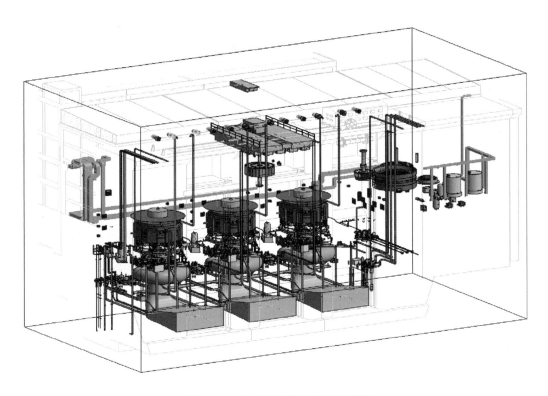

图 5.110　某水电站设备管路布置图

图 5.111　水力机械计算界面

图 5.112 渗漏排水系统计算界面

冲击式水轮机参数计算界面见图 5.113，常用公式计算界面见图 5.114。将水轮机专业所需计算集成到设计平台中，同时能自动生成计算书，极大地提升了设计和校审效率，并规范了设计计算方法。

图 5.113 冲击式水轮机参数计算界面

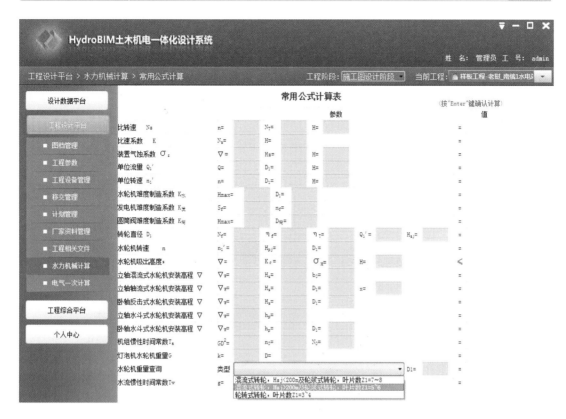

图 5.114　常用公式计算界面

5.6　暖通数字化设计

　　数字化设计对水电站的暖通设计起到了极大的辅助作用，有效地实现了信息的转换与应用，提高了暖通设计的智能化水平。在数字化设计的过程中，暖通专业需协同其他专业共同开展设计工作，优化暖通设计方案，减少施工过程中不必要的返工拆装，最终达到节约成本、保证工期的目的。数字化应用是暖通设计发展的必然趋势。

5.6.1　暖通设计简介

　　水电站项目的暖通设计范围主要包括厂房各区域的采暖、通风、空调和防排烟系统，这些系统作为水电站辅助系统的组成部分，目的是为水电站设备的运行和人员工作创造一个既安全又舒适的环境。

　　随着 BIM 技术的兴起，数字化设计在水电站特别是大型水电站的应用越来越普及，数字化设计对于暖通专业来说，能够更加直观地利用三维模型解决暖通设备和管线综合的问题，同时能够实现负荷计算、水力计算等一系列的计算。

5.6.2 暖通计算

暖通计算主要包括负荷计算、通风量计算、风管水力计算。

在负荷计算时，软件自动提取模型中建筑墙体、门窗、电气设备等相关信息，自动创建计算空间；完成整个建筑的空调冷热负荷计算、焓湿图绘制与状态点计算、一次回风与二次回风计算、风机盘管处理过程计算、风量负荷互算、温差送风量互算等。计算结果自动传递到对应的模型中，可查询计算数据，并标注。负荷计算界面见图 5.115。

图 5.115 负荷计算界面

在风管水力计算时，软件可以从模型中提取系统信息进行风系统的设计计算和校核计算，并提供灵活的系统设定以获取最优化的系统方案。系统模型根据计算结果自动更新各段风管尺寸。计算完成后，生成计算书，方便后期审查。风管水力计算界面见图 5.116。

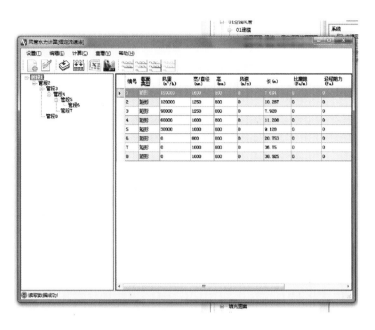

图 5.116　风管水力计算界面

5.6.3　原理图设计

水电站暖通设计的原理图主要有通风空调及防排烟系统图、通风空调及防排烟系统透视图、空调水系统流程图等。原理图的内容和数量针对不同的工程项目进行调整，中小型项目由于系统较少，通常只用通风空调及防排烟系统图来表示；大型电站的暖通系统较为复杂，因此原理图按区域进行设置。

目前，暖通原理图的数字化设计是利用在 AutoCAD 平台上二次开发的 HydroBIM 土木机电一体化设计系统平台来实现，设计时从工程数据库中调取暖通专业设备图例进行布置、设备赋值、房间定义、高程定义、材料统计、图例符号表和设备标注，实现暖通原理图相关设计成果的标准化、自动化。

5.6.4　系统布置图设计

在施工图阶段，土建专业根据机电设备功能要求确定厂房结构布置。通风空调专业结合厂房布置及热负荷分布情况、室外空气设计参数和室内空气设计要求进行设备布置及气流组织、风量分配等，最终确定通风空调系统方案设计。

布置图设计是暖通专业的一项重要内容，设计人员根据已经确定的系统原理图，综合考虑水力机械、电气一次、建筑、给排水等专业设备及管路的布置情况，对通风空调设备、风管及风管附件、风道末端、阀件等进行详细定位，并完成布置图的设计工作。布置图一般采取"平面图＋剖面图＋三维透视图"的表达方式，通过平面图及剖面图进行设备及管路的精确定位，辅以三维透视图降低读图难度。暖通三维布置设计见图 5.117。

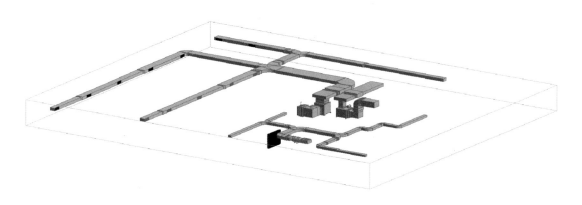

图 5.117　暖通三维布置设计

5.7　金属结构数字化设计

金属结构设计主要包括零部件设计、布置图设计及 CAE 设计等内容，数字化设计是在传统二维设计的基础上，优化设计过程，充实设计内容，强化设计流程，将 CAD 与 CAE 相结合，利用三维设计软件进行参数化设计，从而实现对金属结构设备的全生命周期设计。

5.7.1　金属结构设计简介

金属结构设计主要是对水利水电工程中的钢制设施（闸门、钢管、拦污栅、清污机和启闭机等）进行设计，这些设施与水利水电工程运行的安全和检修关系极大。因此，金属结构专业在进行设计和考虑这些设施的总体布置、选型、制造、安装等技术措施时，必须与其他有关专业密切配合，进行全面分析，从而做出优质的设计。

在编制设计文件之前，金属结构专业需要了解所设计工程的任务、运用条件与要求、工程总体布置、施工进度与安排，特别是对水工建筑物的布置与施工安排；需要收集相关资料，并对收集的资料进行分析，与其他专业共同配合，做出总体布置，制定设计原则，规定结构设计的荷载，提出运行安装建议，规定运行要求。在设计过程中必须与相关专业密切联系，关注资料情况的变化和相关专业拟定条件的变化，以便及时地根据新的情况修改调整设计。

在保证完成上述设计内容及要求的前提下，金属结构三维设计软件采用
Autodesk 公司的 Inventor 软件，计算书编制采用 MathCAD 软件，CAE 设计
采用 ANSYS 软件和 Fluent 软件。

5.7.2　金属结构标准零部件

5.7.2.1　设计环境

Inventor 软件是一款广泛应用于机械制造行业的三维设计软件，该软件采
用交互式设计，可满足金属结构专业的设计需要。Inventor 软件的主要特点
如下：

（1）建立的模型承载数据量大。Inventor 软件建立的模型除包含设备的尺
寸、材料、材料物理特性、重量及数量等技术参数外，还可包含零部件的设计
者、承包商、成本、状态等管理参数。

（2）易于建模。Inventor 软件设计建模的顺序及方法与实际制造工艺相一
致，便于工程师理解及掌握。

（3）自带模块丰富。Inventor 软件的自带模块可方便地进行结构的零部件
从建模、设计分析到二维图生成的设计。

（4）具有较开放的、标准的接口。Inventor 软件的接口可方便地接入其他
设计分析软件，进行 CAE 系统分析，与 Bentley 平台、Catia 平台、Autodesk
平台、SolidWorks 设计平台等有较好的兼容性，便于协同设计。

（5）软件产品高度协调。Inventor 软件可对其产品进行高度协调统一的、
高效的、全生命周期内的质量、成本及进度管理。

在充分研究 Inventor 软件特性的基础上，根据金属结构的专业特点，编
制金属结构专业设计流程图，见图 5.118。

5.7.2.2　软件标准件库

Inventor 软件提供了丰富的、包含多国标准的标准件库（见图 5.119 和图
5.120），设计时可根据需要直接调用标准件，也可以对标准件进行修改，然后
作为非标准件进行调用，还可以自定义标准库。

（1）标准件。金属结构常用的标准件包含结构型材、紧固件、轴用零件等
（见图 5.120），创建模型时，可根据标准、型号直接选取，调入使用。

（2）非标准件。对于超出软件资源中心标准件库内标准件尺寸，但结构型
式相同的非标准件，可先调出相似标准件进行尺寸修改后，另存为一个新零件
即可（见图 5.121）。

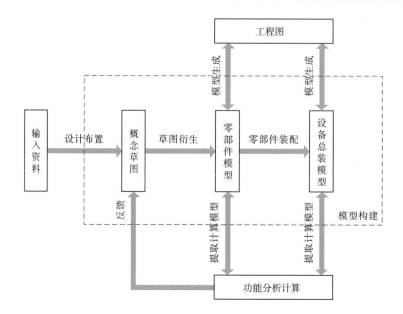

图 5.118　金属结构专业设计流程图

ANSI 标准件库	ANSI 紧固件、轴用零件、型钢及更多
DIN 标准件库	DIN 紧固件、轴用零件、型钢及更多
GOST 标准件库	GOST 紧固件、轴用零件、型材及更多
ISO 标准件库	ISO 紧固件、轴用零件、型钢及更多
JIS 和 GB 标准件库	JIS 和 GB 标准件 - 紧固件、轴用零件、型钢及更多
特征生成器标准件	采用公制和英制单位的一般特征
其他标准件库	AFNOR、AS、BSI、CNS、CSN、GOST、IS、KS、PN、SFS、SS、STN 和 UNI 的标准零件
Parker 标准件库	Parker Hannifin 提供的用于三维布管配件的标准件库 (Autodesk Inventor Professional)
Routed Systems 标准件库	用于三维布线和三维布管零件的标准件库 (Autodesk Inventor Professional)
钣金标准件库	用于钣金零件的标准件库
模具公制标准件	用于模具公制零件的标准件子集

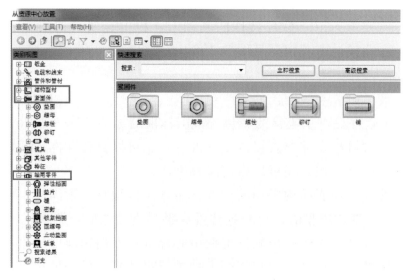

图 5.119　Inventor 标准件库

图 5.120　金属结构常用标准件

图 5.121　Inventor 中非标准件的创建

（3）自定义标准件库。对于 Inventor 资源中心标准件库中未提供而金属结构专业常用的零件（如水封、滑块、启闭机轨道等），可自定义标准件库，自定义零件采用参数化驱动，使用时在平台标准件库中调用，并修改相关尺寸，另存为一个新零件即可（见图 5.122）。

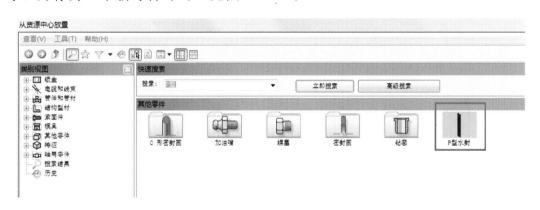

图 5.122　Inventor 中自定义标准件库的创建

5.7.2.3　专业标准化库

专业标准化库的建立对进一步提高设计水平和工作效率尤为重要，金属结构专业标准化库的建立包括以下内容。

1. 专业标准化要求

（1）标准化产品设计应符合产品通用化、系列化、模块化的发展要求。

（2）标准化产品设计应坚持创新和继承相结合的原则，在创新的基础上，提高产品设计的继承性，提高产品零部件的通用化程度。

（3）标准化产品设计应符合技术先进、安全可靠、经济合理的原则，并保证与国家有关环保、安全、节能和防盗等方面的法规政策和强制性标准一致。

（4）标准化产品的标准件应最大限度地优先选用国家标准中已有的标准件。

（5）标准化产品的模型、视图应符合金属结构专业的相关规定，并尽量采用参数化设计。

2. 专业标准化库的建立

（1）编制三维设计导则。

（2）结合专业二维标准化库，将二维标准化库转化为三维标准化库。

（3）在三维标准化库的建立过程中，对二维标准化库中存在的问题进行修改。

（4）个人设计过程中建立的部分符合标准化要求的三维模型及项目图，经评审后进入三维标准化库。

3. 专业三维标准化库的内容

（1）水封。常规水封标准化设计、充压水封标准化设计。

（2）主轮支承。以结构型式及荷载大小分成系列。

（3）滑动支承。以荷载大小分成系列。

（4）侧向、反向支承。以结构型式及荷载大小分成系列。

（5）充水阀。以充水阀结构型式及口径大小分成系列。

（6）弧形闸门支铰。以结构型式及荷载大小分成系列。

（7）其他。工程图表达方式的标准化设计等。

5.7.3 金属结构零、部件及布置图设计

金属结构三维设计采用 Autodesk 公司的 Inventor 软件，计算书编制采用 MathCAD 软件，三维建模的基本原则、工程图出图细则、三维设计基本流程，以及与上（下）序专业的对接过程如下。

1. 三维建模的基本原则

（1）项目树及文件管理。根据设备构成及专业习惯，三维模型的建立应按项目分类，项目名称应清晰、明确；项目中的各零部件应按目录树结构设立（见图 5.123），按工程图名称命名。

（2）模型草图的创建。三维模型按分级形式建立，一般按框架草图、总图草图、部件草图、零件草图等分级。草图的建立应按框架草图→总图草图→部件草图→零件草图的顺序依次逐级衍生产生。为保证草图数据的传递，在衍生下一级草图时，应直接选取上一级草图相应的参数。

（3）坐标系的确定。框架草图所在平面应按模型轴测图方式确定坐标系，

总图草图、部件草图和主要零件的草图坐标系方向应与框架草图保持一致，次要零件的草图应尽可能地应用草图原始坐标系，以便于装配时充分利用模型的原始坐标系的原点、轴、平面。

（4）模型装配。由零件草图创建零件，各零件装配后组成部件。装配时首先装入部件草图，草图坐标系与部件坐标系对齐，随后装入的零件与该部件坐标系配合或与部件草图配合。主要零件应优先采用"坐标系对齐"方式装配，次要零件应尽量采用零件的原始坐标系平面（轴）配合装配。

（5）模型参数管理。完成模型装配后，在部件的 BOM 表中对零部件的名称、材料等进行统一管理（见图 5.124），在部件的 f_x 参数中对模型的用户参数进行统一管理（见图 5.125）。

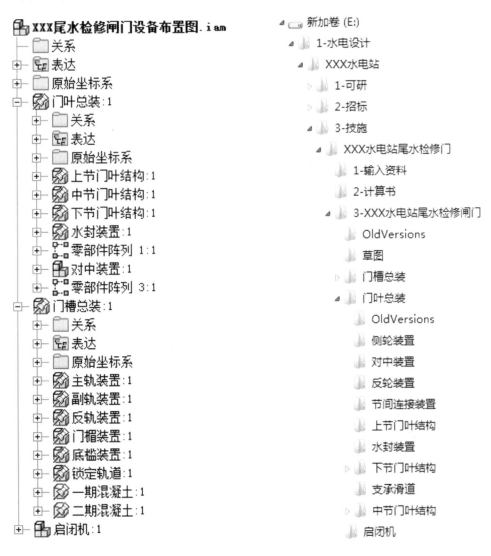

图 5.123　项目目录树结构

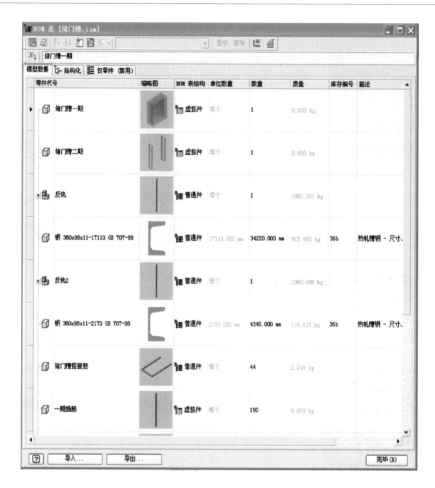

图 5.124　BOM 表管理

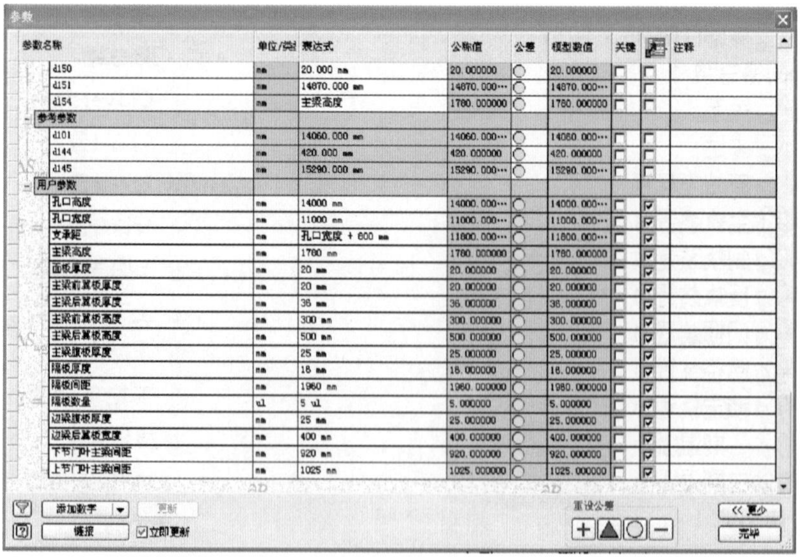

图 5.125　f_x 参数管理

（6）模型检查。各个部件建立完成后应对其进行干涉检查，门叶、门槽及启闭机等有配合关系的部分，在模型建立后应进行配合检查。

（7）模型修改。零部件的修改顺序为：修改草图→特性→配合→工程图，修改草图时应尽量避免在原草图上删除或添加线条。

（8）其他。创建草图时应根据需要调整草图尺寸精度；零件建模时应尽量参照零件的实际加工顺序来构件模型，应尽量避免用跨零件投影的自适应方式建模；部件模型中的焊缝为添加的无实体虚拟零部件。

2. 工程图出图细则

（1）模型与图纸的关联性。三维模型建立以后的二维图采用 Inventor 软件的项目图模式，以保持模型与二维图相关联的特性。

（2）图纸分类。根据金属结构设备结构分为设备布置图、结构总图、部件总图、零件图。

（3）图框。图框采用经评审发布的金属结构专业标准图框。

（4）线型与线宽。参照《水利水电工程制图标准　水工建筑图》（SL 73.2—2013）作相应调整。

（5）标注符号。图纸符号除软件内置标准机械加工符号外，其余采用经评审通过的模板略图符号，如高程、水位、比例尺、水流向等略图符号，高程、比例尺根据实际参数进行修改。

（6）尺寸标注。项目图按照模型尺寸进行标注，标注尺寸为零部件真实尺寸。

（7）图纸比例。图纸比例采用比例尺的形式。

（8）表格。标准图纸总图应包含设备特性表，与其他专业有配合关系的需包含会签表。

（9）其他。图纸的整体布局及其他相关标准应遵循机械制图标准。

3. 三维设计基本流程

（1）设立项目。建模时应先设立该设计任务的项目，设置目录为设计项目文件夹所在目录。项目名称应明确、清晰。

（2）编制计算书。根据上序专业提供的基础设计资料，编制相应的设计计算书。

（3）创建框架草图。根据计算书的计算结果、设备总图布置、各零部件的位置关系等内容创建框架草图。在建立框架草图时应设置相应的基本建模参数，如孔口宽，闸门止水高、止水宽、吊点高，门机轨距、门腿高度等。

（4）创建总图草图。在衍生框架草图的基础上创建总图草图。总图草图包含门叶草图、门槽草图、门机门架结构草图、固卷机架结构草图等。总图草图中应包含各结构的基本参数，如闸门面板厚度、闸门主梁高度、门槽主轨截面、门槽二期混凝土尺寸、门架主梁高度等。

（5）创建部件草图。在衍生总图草图的基础上创建部件草图。部件草图按照项目蓝图部件图建立，如门叶结构草图、主轨装置草图、锁定装置草图、门架主梁草图、大车行走机构草图等。部件草图中应包含部件的详细设计参数。

（6）创建零件草图。零件草图可通过衍生部件草图创建，也可单独创建。零件草图应根据零件定位特征确定零件坐标系。

（7）根据草图构建各零（部）件。

（8）根据草图并参照结构的实际装配进行各部件的装配及总体装配。

（9）模型参数管理。完成模型装配后，在零部件的 BOM 表和 f_x 参数中对模型进行统一管理。

（10）模型检查。各个部件构建完成后应对其进行干涉检查，并对整体模型进行配合检查。

（11）模型修改。当模型检查发现错误或校审需要修改模型时，应对模型进行修改。

（12）工程图出图。工程图出图采用 Inventor 软件的项目图模式，以保持模型与二维图相关联的特性。

4. 与上（下）序专业的对接过程

对于采用 Inventor 软件进行三维建模的上（下）序专业，只需要将各专业的模型放到同一个项目文件夹下，便可以相互调用。对于采用 Revit 软件进行三维建模的上（下）序专业，可以采用 Inventor 的 BIM 交换功能（见图 5.126）或将文件导出为中间格式（sat 文件），完成与 Revit 的数据共享。采用 BIM 交换功能实现数据共享是单向开放的，即只能将 Inventor 文件单向传递给 Revit，且在 Revit 软件中能对模型进行修改；采用中间格式（sat 文件）

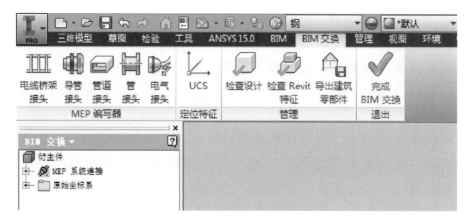

图 5.126　Inventor 的 BIM 交换功能

实现数据共享是双向开放的，即 Inventor 与 Revit 能互相传递文件，且均能对模型进行修改。

5.7.4　CAE 设计

5.7.4.1　软件环境

金属结构 CAE 设计主要是将结构分析软件和流体力学计算软件集成到设计过程中。

（1）结构分析采用 ANSYS 软件。将 ANSYS Workbench 与 Inventor 集成到一起，安装软件时，先安装 Inventor，后安装 ANSYS Workbench，并在 ANSYS 程序中做相应设置，在 Inventor 的菜单中随即出现导出到 ANSYS Workbench 的界面（见图 5.127）。

图 5.127　Inventor 与 ANSYS 接口

（2）流体动力学计算采用 Fluent 软件，ANSYS Workbench 中集成了 Fluent 软件（见图 5.128）。

5.7.4.2　CAE 设计规程及要求

CAE 设计规程及要求如下：

（1）三维模型在导入 ANSYS Workbench 前应适当简化，删除对结构计算不重要的零件及其特征，从而减少计算时的模型大小和迭代次数。

（2）在进行网格划分前应做充分的前处理工作。

（3）网格划分时，对于不同的结构选用不同的单元类型进行划分，对于闸门及启闭机主要采用实体单元、板壳单元以及实体壳单元等对结构进行网格划分。对于薄壳结构，一般应用板壳单元离散；对于轴、支铰等具有块体特征的结构一般应用实体单元划分。

（4）静力学分析可以对所关心的区域进行细划分，网格的大小应满足求解精度的要求，在求解精度和电脑硬件两个方面权衡，选择网格规模。

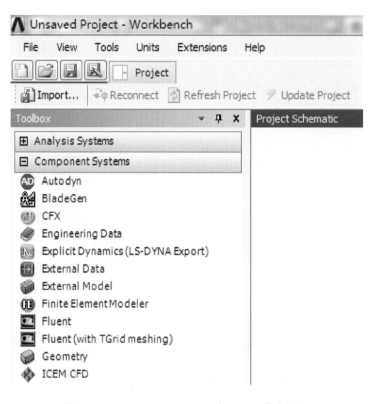

图 5.128　ANSYS Workbench 中 Fluent 集成平台

（5）静力学分析中应正确添加约束。

（6）进行预应力模态分析时需要先进行静力学分析。

（7）后处理包括查看计算结果和检查模型是否正确（如 CFD 的守恒性检查）。

某水电站尾水检修闸门的三维有限元分析结果见图 5.129～图 5.131。

图 5.129　闸门网格划分

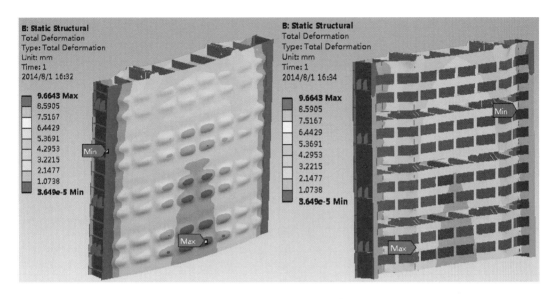

图 5.130　闸门综合变形云图（单位：mm）

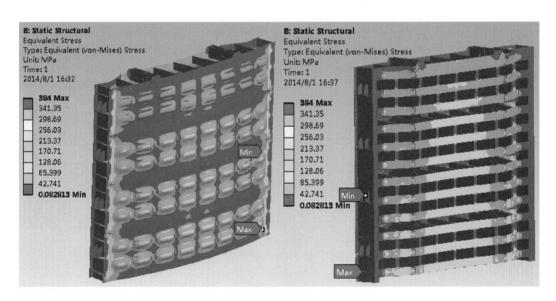

图 5.131　闸门等效应力云图（单位：MPa）

数字化产品篇

　　数字化产品是数据驱动的厂房数字化设计的延伸。数字化产品主要包括三维出图（即三维设计、二维出图）和产品数字化交付两部分。三维出图指基于正向设计成果三维模型直接剖切、标注成图；产品数字化交付是数字化设计特有的环节，可充分释放 BIM 产品价值，应用虚拟仿真技术为工程各方提供工程交互平台，提高沟通质量和效率，为全生命周期项目管理提供重要的基础数据。

第 6 章

HydroBIM － 厂房数字化设计三维出图

电建昆明院现已实现水电站厂房全流程、全专业三维协同设计，并提供施工详图指导施工建设。施工详图的范围覆盖厂房各专业，专业内部除各自系统图外的其他专业图纸均可实现三维出图。

Autodesk 公司系列三维设计软件均具有双向关联机制，而且这种关联互动是实时的，在视图上对模型做出的任何修改，可以在其他相关视图上反映出来，无须用人工操作方式对每个视图进行逐一修改。这就从根本上避免了以往设计中在平视图、立视图、剖视图之间出现的不一致现象，对产品质量提高的意义是显而易见的。

三维图纸平面、剖面严格对应，因此在平面上能表示清楚的标注信息，在剖面上不需要重复标注，整个图面看起来更加简洁易读；三维图纸在表现空间关系上更加有优势，目前电建昆明院的三维图纸采用白图彩喷的形式，不同系统可以通过不同颜色加以区分，增强了图纸的表现力；三维图纸会通过系统三维透视图的形式表现各设备系统全厂布置的整体性方案，便于施工人员全面了解整个系统方案；多形式透视图的应用，也使三维设计的表现更加直观，各设备的空间关系一目了然，便于设计者准确传达设计意图。

6.1 一般规定

三维出图一般规定如下：

（1）三维出图以表达清晰、完整、无歧义为最高原则，可不受二维出图规则、习惯约束。

（2）三维出图应从三维模型里直接剖切，并采用彩色白纸出图。

（3）厂房全专业采用统一轴网开展设计。

（4）厂房各专业各系统颜色定义须按照统一规划开展。

（5）链接模型内平面、剖面、三维视图、图例视图、材料表名称按照统一规则进行命名。

（6）图框标签规定。将项目名称、专业、设计阶段、图号、图名、比例、日期设置为标签。

（7）视图调用。注释标注均应在视图上表示，除图纸说明外，不允许在图纸上进行注释。

（8）每个视图文件仅能被一张图纸引用，不可多次调用。大样详图可以通过图例视图引用，也可以通过插入 CAD 文件形式引用。

（9）应用平台房间定义功能，在三维图中标注房间代码，图面配房间代码表。

（10）通过平台统一配置，定义标注、注释、图例等表达标准化的出图内容。

（11）三维材料表要单独发布到数据库，以便于在平台管理模块统计生成材料清单。

6.2　三维出图流程

三维出图流程如下：

（1）各专业基于协同平台开展各自的三维设计，根据出图需要，链接到需要显示的子模型文件。

（2）调用图框族建立图纸文件，确定各视图出图比例，构思图面。

（3）在平面视图下进行视图编辑，包括图面显示区域、尺寸标注、出图界面处理、注释等。

（4）在平面区域上利用剖面插件快速创建剖面，并在剖面视图里进行视图编辑。

（5）在三维视图里编辑出图区域，进行简单的注释。各视图间关联对应。

（6）将平面视图、剖面视图、三维视图拖到图纸文件上完成视图放置。

（7）利用二次开发的材料统计插件，快速生成材料表，在绘制视图下将材料表拖到图纸文件中，并发布材料表到工程数据库。

（8）进行简单的图纸说明编辑，便可快速生成三维图纸。

三维出图流程简图见图 6.1。

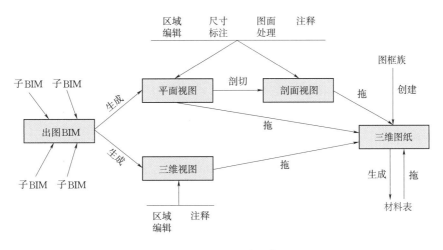

图 6.1　三维出图流程简图

6.3　通用标注和材料表

6.3.1　通用标注

设计平台提供了通用标注功能，可以进行序号标注、管道标注和设备标注，见图 6.2。除此以外，各专业模块还提供了针对各系统的标注，例如照明、接地、埋管等。

以序号标注为例，先选择需要标注的设备，接着选择标注位置，然后以所选择设备的位置点为标注起点，以标注位置为标注终点，生成序号标注，见图 6.3。

图 6.2　通用标注

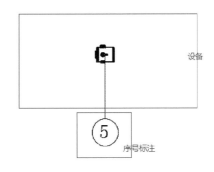

图 6.3　序号标注

6.3.2　房间标注

经过范围定义（自动编码→范围定义→房间定义）的房间可进行房间自动

标注。定义的房间将发布并存储到工程数据库中，在设计环境下可自动判断房间范围信息，并做房间标注。

房间标注可以组合标注名称、标注编码、显示房间边界。建议图面用房间编码来标注房间，全专业房间标注应用一套编码，并配合房间列表进行说明，可以解决设计中各专业房间命名不规范的问题。房间标注设置见图 6.4，房间列表见图 6.5。

图 6.4　房间标注设置　　　　　　图 6.5　房间列表

6.3.3　材料统计

设计平台提供了通用材料统计插件，实现了按多规则自动统计出材料表，生成的材料表是视图，可以编辑，便于后期加入辅助材料。材料统计见图 6.6。材料统计可以按范围、多图和模型统计，以满足单图和套图的统计需求，统计规则见图 6.7。被统计的设备将在其统计字段里记录，便于后期进行统计检查，同时材料表也要发布到工程库，作为材料清单的数据基础，材料表发布见图 6.8。

图 6.6　材料统计

主要设备参数表管理五大设备：水轮机（混流式、轴流式）、进水阀、发电机、调速器、起重设备（主厂房桥机、GIS 楼桥机），可以从工程库中按照配置字段要求，生成的主要设备参数表见图 6.9，属性参数配置见图 6.10。

图 6.7　统计规则

图 6.9　主要设备参数表

图 6.8　材料表发布

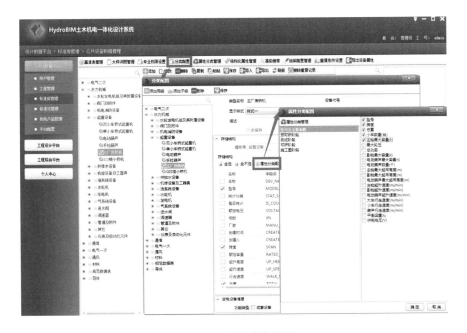

图 6.10　属性参数配置

将材料表或主要设备参数表视图拖到图纸，选择插入位置并放置到图面上。

6.3.4 统计查询

在设计平台可以对设备统计状态进行查询，状态分为已统计和未统计，该标示状态在设备被统计时就被记录到设备的统计字段，并存储到工程数据库中。统计查询见图 6.11。

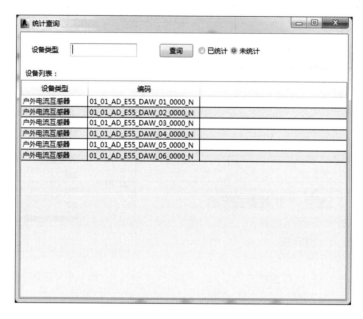

图 6.11 统计查询

6.4 图纸管理

6.4.1 CAD 归档

与图档管理结构对应创建供图计划，在相应图档节点下根据图纸类型创建一个该类型空图档节点。创建供图计划见图 6.12。若是 dwg 图档，则可在管理平台"图档管理"下直接打开该图档，开展设计；也可在 CAD 环境下选择图档节点打开编辑。完成工作后签入图档，便可实现归档，无需单独操作归档。

6.4.2 Revit 归档

Revit 设计环境提供图纸归档端口，可以在三维设计环境下将当前模型图纸选择性归档到管理平台图档卷册中。Revit 图纸归档流程见图 6.13。

图 6.12　创建供图计划

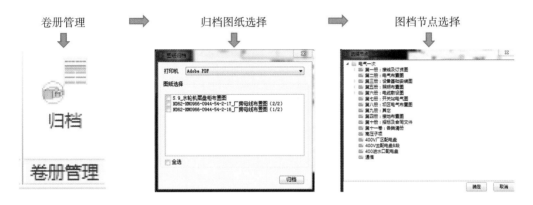

图 6.13　Revit 图纸归档流程

Revit 模型文件存储在工程数据库协同文件下；Revit 图纸以 PDF 格式归档，存储在管理平台相应的图档结构下。

第 7 章

HydroBIM – 三维电子校审

HydroBIM–三维电子校审为厂房数字化设计数据质量的有力保证。该校审平台可以实现基于数据库的设计数据一键传递共享、完整的电子校审流程和校审版本管理，实现无纸化电子校审。

7.1 设计校审数据交互

HydroBIM三维综合设计平台既是三维校审平台，也是数字化交付的设计侧编辑平台。该平台基于虚拟仿真技术开展全流程三维校审和数字化交付。三维校审平台与设计平台和交付平台之间是以数据库为单位进行数据传递的，因此可以保留记录数据关系和数据编辑成果，实现可靠的数据传递。

在三维设计平台可以一键发布电子校审或数字化交付申请，在三维综合设计平台下创建校审方案或发布方案。基于校审方案创建电子校审意见，校审意见可以在设计环境 Revit 下查阅，并可实现快速定位，开展模型修改；基于发布方案可以对三维模型对象进行编辑，创建视点，并建立与工程数据库文档间的多关联关系，实现设计数字化一键交付。

7.2 三维校审分类

三维图纸在校审前需要进行预校审（电子校审），由图纸校核人员完成。电子校审在专业校审平台完成，主要审查方案可行性和进行"错、漏、碰"检查。各专业图纸采用各专业内部独立校审、相关专业会签的方式。

项目校审阶段分为预可行性研究阶段、可行性研究阶段、施工详图方案阶段、施工详图中期阶段、施工详图交付阶段、施工详图竣工验收阶段。

（1）预可行性研究阶段。在预可行性研究阶段，各专业按照阶段深度要求完成建模后，项目部开展电子校审，审查方案可行性和进行"错、漏、碰"检查，出具校审报告。

（2）可行性研究阶段。在可行性研究阶段，各专业按照阶段深度要求完成建模后，项目部开展电子校审，审查方案可行性和进行"错、漏、碰"检查，出具校审报告。

（3）施工详图方案阶段。在施工详图阶段，各专业完成初步设备布置方案，由项目部发起全厂三维模型电子校审，审查细化方案可行性和进行"错、漏、碰"检查，出具校审报告。

（4）施工详图中期阶段。在施工详图阶段，由土建专业负责，根据现场施工进度，组织施工区域内三维模型整体电子校审。建议按照一定的周期组织，并比现场施工进度提前 1 个月左右开展区域校审，出具校审报告。对于各专业图纸，按照各自专业流程自行开展三维校审。

（5）施工详图交付阶段。在施工详图阶段，对于开展施工数字化交付的项目，需要对交付内容进行集成校审，校审周期根据业主签订的数据更新频率而定，并由专人负责数字化交付。交付校审主要对交付数据的完整性和质量进行校审，并对模型数据和设计成果关联关系的正确性、完整性进行检查，出具校审报告，校审合格的数据才能交付。

设计 BIM 咨询的项目，业主施工管理的内容根据合同约定另行开展，并由专人负责数据源的采集和管理，以确保数据质量。

（6）施工详图竣工验收阶段。在施工竣工验收阶段，由项目部负责全厂三维模型电子校审。对模型和设计成果（图纸、变更单、报告等）的一致性进行检查，对按照通知单上的修改意见进行的数据修复进行校核，并对模型数据和关联关系的正确性、完整性进行校验，出具校审报告。

7.3　校审流程

项目各阶段的校审流程见图 7.1。

根据图纸的等级来选定校核审查审定级别，图纸等级划分、校审人员资质要求参照各设计企业管理办法。

7.4　校审方法

三维校审采用电子校核方法，设计平台可以一键发布电子校审，由设计平台直接将 BIM 模型和工程数据库发布到校审平台，Revit 下提交校审见图 7.2。应用虚拟仿真技术进行漫游、查看设备属性和进行碰撞检查，并进行批

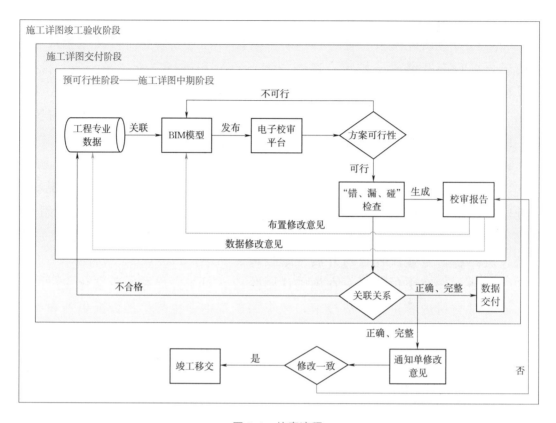

图 7.1　校审流程

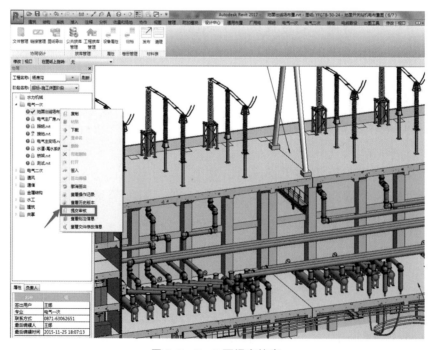

图 7.2　Revit 下提交校审

注和视点存储，形成电子校审意见，见图 7.3。电子校审意见可以自动传递到三维设计平台下，实现设计校审数据传递无缝对接，设计人员在设计平台下查看校审意见，参照该意见，自动定位切换到修改对象附近一一对照修改。查看校审意见见图 7.4，视点定位见图 7.5。

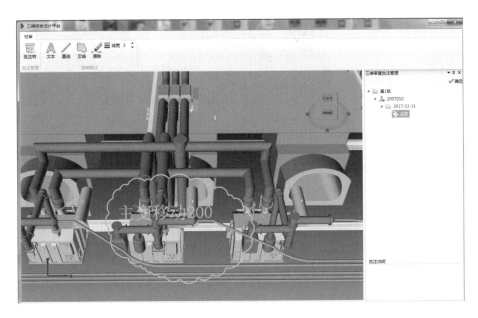

图 7.3　电子校审意见

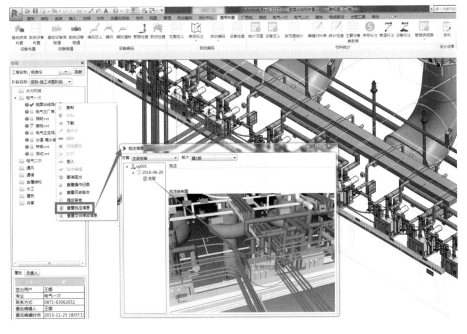

图 7.4　查看校审意见

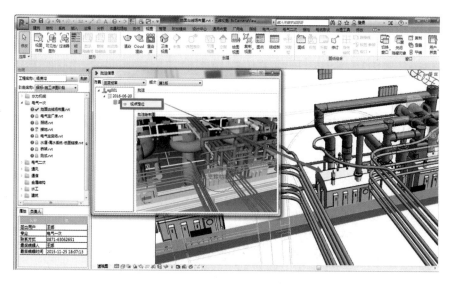

图 7.5　视点定位

　　三维电子校审可以根据校审要求配置模型方案和校审人员，校审方案管理见图 7.6。校审人员的批注可以用不同的批注颜色配置，校审批注配置见图 7.7。校审意见按照校审方案—版次—校审人员—校审时间—校审意见的批注目录结构加以管理，校审方案也可以开展版次管理，校审批注见图 7.8。

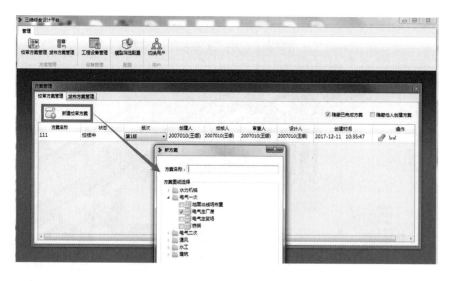

图 7.6　校审方案管理

　　三维校审平台基于对象的"错、漏、碰"检查，将碰撞检查配置成方案管理，碰撞方案管理见图 7.9。运行碰撞检测可以得到碰撞检测结果记录，并可以通过记录快速查询定位三维碰撞对象，碰撞检测结果见图 7.10。

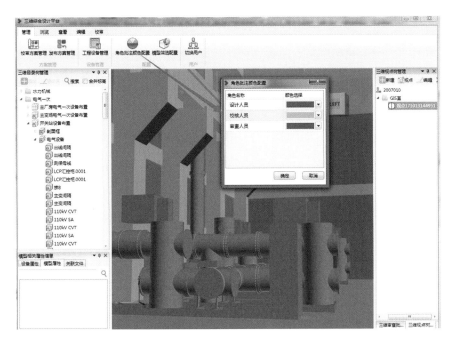

图 7.7　校审批注配置

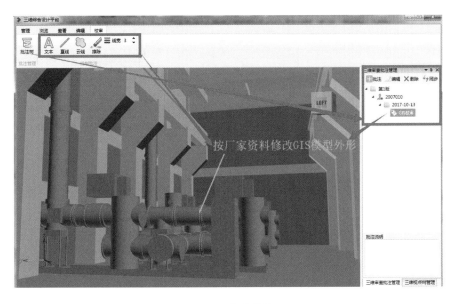

图 7.8　校审批注

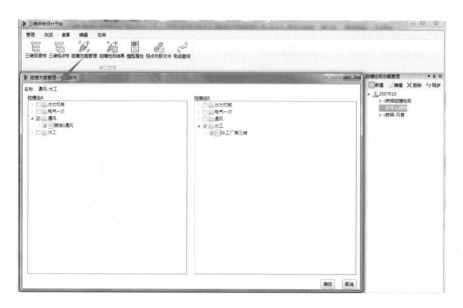

图 7.9　碰撞方案管理

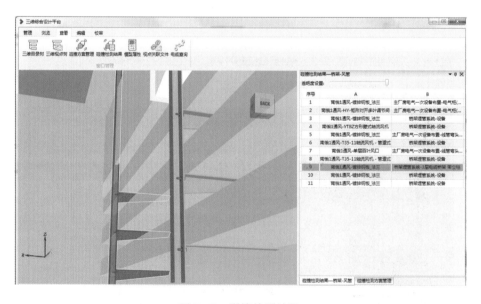

图 7.10　碰撞检测结果

第 8 章

HydroBIM –产品数字化交付

传统的项目管理一般都有自己的管理平台，可以实现数字化项目管理，但是有一个尴尬的问题，项目管理的数据从何而来？由于作为项目管理源头的设计数据无法实现高质量的数字化传递和对接，项目管理的初始数据仅能由专人手动输入。数据录入对录入人要求也很高，需要专业人士才能从繁多的设计成果中查找到项目管理需要的有价值数据，并录入管理系统。这些数据需要从图纸、报告、计算书、厂家资料、会议纪要中收集，而且可能面临数据不一致和数据变更的问题。

BIM 可视化施工监理一体化管理平台是 HydroBIM –产品数字化交付客户端平台，该平台可以查阅设计数据，并基于设计数据开展项目管理应用。该平台实现了与设计平台的自动对接，将设计数据库的数据一键交付项目管理平台，解决了项目管理数据源获取的问题。通过平台对接，不仅能够获得第一手设计数据，而且由于与设计人员使用同一套数据库，还可确保数据可靠且完整。HydroBIM –产品数字化交付平台可以实现设计数据共享，基于设计平台的工程数据可以实时交付给项目参建方。

8.1　交付内容

设计成果输出为正向设计建模并直接剖切生成的三维彩色白图。

数字化设计交付内容包括电子版的三维图纸、通知单、会议通知等设计文档。文档格式为 Word、Excel、dwg、PDF；项目数据库格式按照项目需求由设计项目数据库自动提取。三维模型格式为轻量化加密格式。

设备数据库包含的设备范围及属性信息深度由数据使用方根据项目需求制定，数据属性仅到设备级，不到元件级。

交付的三维模型须将设备数据库、关联关系文档集成到模型；三维模型发布须采用虚拟仿真技术，支持实时漫游浏览、属性查询、项目成员消息交互等功能。

8.2 交付标准要求

三维模型须将设备数据库与模型中的设备图元建立自动关联关系，设备图元或房间与项目文件建立多向关联关系，即设备图元与原理图关联，房间与设备布置图、重要施工图纸关联。施工图纸与变更通知单双向关联，互相引用的施工图纸也建立关联关系。

8.3 设计交付平台

该交付平台提供了用户管理、工程数据中心、数字化 BIM 模型、数字化 BIM 场景、剖切与测距、碰撞与巡检、进度管理、虚拟仿真、质量安全、过程管理、成本管理、资源管理等功能，可以实现从设计平台一键交付发布设计数据，开展 BIM 交付。通过专有客户端打开一键交付的设计数据，可以查阅设计信息。

8.3.1 数据结构管理

数字化交付平台默认继承从 Revit 带来的三维目录树结构，通过三维视点树可以对自定义视点进行管理。平台可以自定义组织结构，重新划分数据分类，通过搜索可快速筛选数据集并与新的结构节点挂接建立新组织结构。通过该功能，项目管理人员可以根据项目管理需求将数据重新分类建立多个维度组织结构，便于项目管理，目录树视点树管理见图 8.1，自定义组织结构见图 8.2。

8.3.2 浏览操作

平台提供了基于三维模型的浏览查询功能，方便数据信息查询和对模型的查询筛选，浏览查询操作见图 8.3。属性查询功能提供了设备属性功能与模型属性功能。数字化 BIM 模型菜单提供了选择、平移、旋转、隐藏、显示、颜色设置、删除等功能，数字化 BIM 场景提供了观察、环视、漫游、电缆查询等功能。

8.3.3 剖切与测距

基于三维模型可以实时测距，实现点到点和对象间的测量，测量单位可以配置，点到点测距见图 8.4。提供剖切盒子，对 X、Y、Z 轴任意组合平面或盒子实现实时剖切，实时剖切见图 8.5。

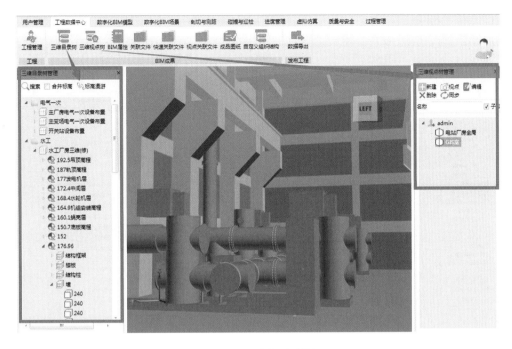

图 8.1　目录树视点树管理

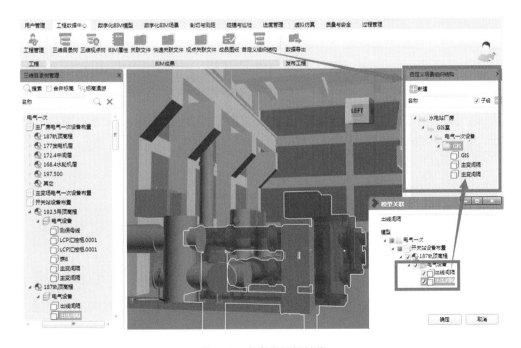

图 8.2　自定义组织结构

（a）属性查询

（b）数字化BIM模型

（c）数字化BIM场景

图 8.3　浏览查询操作

8.3.4　关联文件

多数据关联关系的建立是数据方便应用的前提，三维对象作为数据载体提供了创建多种关联文件的方式：数据结构节点关联方式、视点关联方式、三维拾取对象关联方式、数据属性关联方式等。通过模型数据结构可以快速批量建立关联关系。三维对象关联文件见图 8.6。

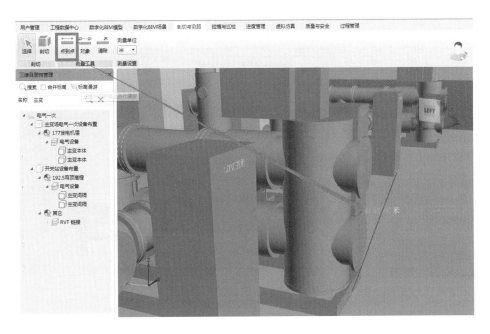

图 8.4　点到点测距

图 8.5　实时剖切

8.3.5　虚拟仿真

在交付平台可以实现碰撞方案管理和检测结果查询，与电子校审功能相同。基于进度管理，可以实现进度仿真模拟和施工进度分析。

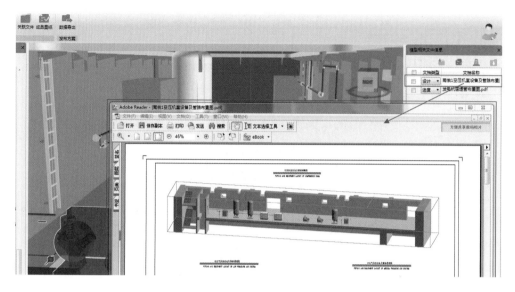

图 8.6　三维对象关联文件

8.4　厂房监测

厂房监测基于设计静态数据和现场监测动态数据开展安全监测管理，是数字化设计的延伸应用，动态监测数据也是数字化设计的重要反馈数据。

8.4.1　监测简介

安全监测是通过仪器监测和现场巡视检查的方法，全面捕捉水工建筑物施工期和运行期的性态反映，分析评判建筑物的安全性状及其发展趋势。全生命周期各阶段中，设计阶段安全监测根据建筑物等级确定监测项目，根据工程特性确定监测布置，建立能够获取足够监测数据的体系；建设阶段安全监测包括监测设施采购、安装埋设、观测和监测成果分析等，监测及相关施工信息应录入工程安全监测三维可视化管理系统或运维平台，以提高管理效率；运行阶段安全监测以系统运行与维护、工程安全评价为重点，依托运维平台，全方位服务工程和有效监控结构安全。厂房安全监测数字化设计流程见图 8.7。

8.4.2　模型搭建

监测 BIM 模型应能准确表达模型的设计信息，应包含模型几何要素和工程要素。监测 BIM 模型应满足鲁棒性要求，即模型应具备稳定、健壮的信息表达，具备在保证设计意图的情况下能够被正确更新或修改的能力。结构内部监测仪器模型（如测缝计、钢筋计、应力计等）尺寸可根据建筑物主体结构的

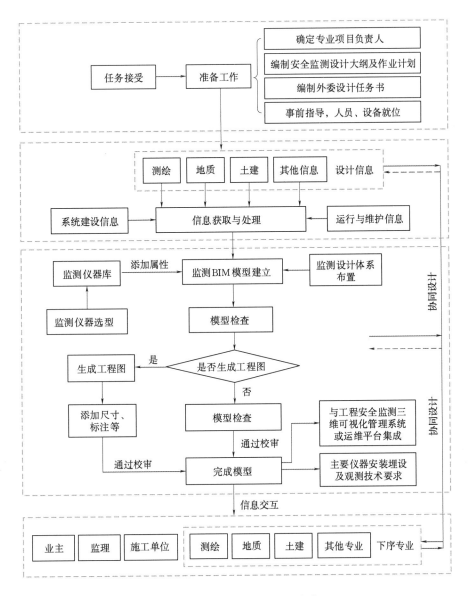

图 8.7　厂房安全监测数字化设计流程图

大小进行一定比例缩放，结构外部及钻孔埋设类监测仪器模型（表面变形监测点、水准点等）与实物模型尺寸应保持 1∶1 的比例关系。

族模型或零件模型应进行参数化设计，应包含正确的几何属性、约束属性和工程属性。几何属性指监测三维模型所包含的表达零件几何特性的模型几何和辅助几何等属性，例如模型的地理位置坐标、模型本身几何尺寸等。约束属性指监测三维模型所包含的表达零部件内部或者零部件之间约束特性的属性，例如模型自身尺寸约束、与其他专业三维模型的位置约束等。工程属性指监测三维模型所包含的表达零件工程要素的属性，例如模型设计人、模型校核人、模型装配人、监测项目、仪器类型、观测范围、测量精度等。三维模型的工程属性随着工程建设施工、运行管理的进度而逐渐增加，具体监测 BIM 属性推荐按照表 8.1 执行。

表 8.1　　　　　　　　　　　　　监测 BIM 属性表

阶段	监测模型工程属性						
规划设计阶段	模型设计人	模型校核人	模型装配人	监测项目	仪器类型	观测范围	测量精度
	耐水压	仪器编号	空间位置（设计）	备注（设计）			
建设施工阶段（增加）	监测设施采购信息						
	监测设施的品名	型号	规格	数量	仪器参数	采购依据	采购日期
	入库日期	仪器检验率定情况	出库日期				
	监测设施安装埋设信息						
	安装埋设时间	仪器启用时间	空间位置（施工）	工作状态（施工）	监测数据初值	埋设单位（人）	监理单位（人）
	单位工程	分部分项工程	单元工程	考证表信息	备注（建设）		
建设施工阶段、运行管理阶段（增加）	监测仪器工作状态鉴定信息						
	原始出厂资料检查	埋入状态记录及仪器参数检查	历史测值过程线检查	仪器现场检测			
运行管理阶段（增加）	工程安全监测管理系统运行维护信息						
	物理环境	信息采集设施	通信系统	网络	主机	存储备份	系统软件
	数据资源	安全设施					
	安全监测仪器运行维护信息						
	是否接入自动化	整编公式	整编数据	工作状态（运行）	预警信息	备注（运行）	
	与监测相关建筑物运行维护信息						
	建筑物观测、检查、维修、改建及科研试验信息		运行的重大异常、缺陷、事故处理记录		历次大坝安全检查结果及有关大坝安全记载		大坝历史情况重要照片和图表

监测 BIM 模型应按照一定规则进行组织存储。例如利用 Inventor 进行设计时，应发布在资源中心，建立监测仪器库，按照仪器分类进行管理，水电工程安全监测三维模型数据库（Inventor 资源中心）见图 8.8；利用 Revit 进行设计，也应按照仪器分类，在 Revit 软件族模型库中管理。

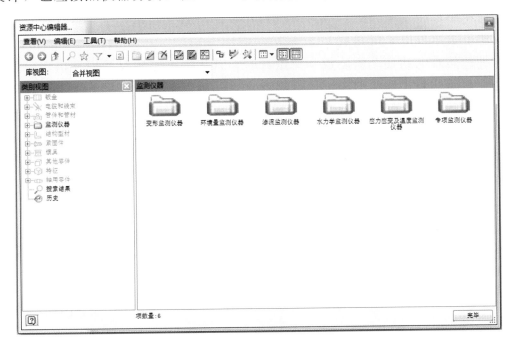

图 8.8　水电工程安全监测三维模型数据库（Inventor 资源中心）

8.4.3　模型装配

在测绘、地质、土建等专业的主体结构设计完成以后，通过新建装配文件，创建装配模型。装配模型宜使用上序专业传下来的装配文件作为监测三维设计的输入；对于无上序专业模型的项目，主体结构三维建模宜采用三维激光扫描模型或近景摄影测量模型。

装配约束的选用应正确、完整，不相互冲突，应根据设计意图，合理地选择装配方法，尽量简化装配关系。在结构内部监测仪器装配时，宜沿监测断面将主体结构模型切割成多个实体，仪器放置完成后对分割实体进行合并。

在提交和发布装配模型前，应对监测模型完成以下检查：

（1）模型是稳定的且能够成功更新。

（2）具有完整的特征树信息。

（3）所有元素是唯一的，没有冗余元素存在。

（4）监测仪器模型应包含工程要素、约束要素和几何要素。

8.4.4 应用案例

下面以某水电站大坝为例介绍安全监测数字化设计应用过程。该水电站拦河大坝为混凝土重力坝，最大坝高 203m，属Ⅰ等大（1）型工程。工程枢纽主要由碾压混凝土重力坝、坝身泄洪表孔、泄洪放空底孔、左岸折线坝身进水口及地下引水发电系统组成。

进行某水电站安全监测数字化设计时，首先进行监测仪器模型搭建，建立一套完善的监测仪器模型库；然后根据水工、施工等专业提供的水工建筑物模型，进行监测断面剖切、仪器位置定位和监测仪器装配等工作。某水电站主要监测仪器符号及模型示意见表 8.2，监测仪器与水工建筑物装配过程（Inventor软件）见图 8.9。

表 8.2　　　　　　　　　　某水电站主要监测仪器符号及模型示意

仪器名称	符号	模型示意	仪器名称	符号	模型示意
表面变形监测点	TP		正垂线	PL	
GNSS 监测点	GTP		渗压计	P	
量水堰	WE		温度计	T	
测缝计	J		混凝土压应力计	C	
倒垂线	IP		静力水准	LS	

仪器名称	符号	模型示意	仪器名称	符号	模型示意
应变计组	Sn		水准点	BM	
无应力计	N		双金属标	DS	
多点位移计	M				

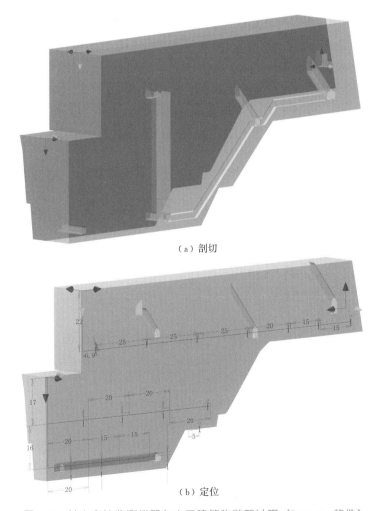

（a）剖切

（b）定位

图 8.9　某水电站监测仪器与水工建筑物装配过程（Inventor 软件）

参 考 文 献

［1］ 基础地理信息数字成果　1：500、1：1000、1：2000 数字线划图：CH/T 9008.1—2010［S］. 北京：国家测绘局，2010.

［2］ 基础地理信息数字成果　1：500、1：1000、1：2000 数字高程模型：CH/T 9008.2—2010［S］. 北京：国家测绘局，2010.

［3］ 基础地理信息数字成果　1：500、1：1000、1：2000 数字正射影像图：CH/T 9008.3—2010［S］. 北京：国家测绘局，2010.

［4］ 基础地理信息数字成果　1：500、1：1000、1：2000 数字栅格地图：CH/T 9008.4—2010［S］. 北京：国家测绘局，2010.

［5］ 三维地理信息模型数据产品规范：CH/T 9015—2012［S］. 北京：国家测绘局，2012.

［6］ 王旭，朱志刚. 糯扎渡水电站数字化电缆敷设研究［J］. 水电电气，2012（162）：18-21.

［7］ 王旭，杨宇虎. 水电站厂用电标准化设计的应用［J］. 水电电气，2014（169）：31-36.

［8］ 王旭，范鹏鹏，杨宇虎，等. 电气主接线图标准化设计在南俄 1 水电站中的应用［J］. 水电电气，2016（176）：71-76.

［9］ 杨宇虎，王娜. HydroBIM -土木机电一体化智能设计［J］. 云南水力发电，2016（6）：138-142.

［10］ 杨宇虎，王娜. 观音岩水电站 HydroBIM 厂房三维全专业协同设计［J］. 云南水力发电，2016（6）：143-146.

［11］ 代红波，刘松. 智能化软件在水电站电气二次图纸设计中的应用［J］. 云南水力发电，2016（6）：147-149.

［12］ 王娜，杨宇虎，邵光明，等. 水利水电工程智能机电 EPC 平台［J］. 水电电气，2015（172）：12-14.

［13］ 王娜. 三维设计在水电站电气设计中的应用［C］// 周建平. 中国水电工程顾问集团公司 2011 年青年技术论坛论文集. 北京：中国水利水电出版社，2012.

［14］ 中国电建集团昆明勘测设计研究院有限公司. HydroBIM 土木机电一体化智能设计平台-电气设计平台 V1.0：中国，2017SR053401［P］. 2017-02-23.

［15］ 中国电建集团昆明勘测设计研究院有限公司. HydroBIM 土木机电一体化智能设计平台-水力机械设计平台 V1.0：中国，2017SR053932［P］. 2017-02-23.

［16］ 中国电建集团昆明勘测设计研究院有限公司. HydroBIM 土木机电一体化智能设计平台-三维校审移交平台 V1.0：中国，2017SR053602［P］. 2017-02-23.

［17］ 中国电建集团昆明勘测设计研究院有限公司. HydroBIM 土木机电一体化智能设计平台-数字化管理平台 V1.0：中国，2017SR053870［P］. 2017-02-23.